科学史上的重大发现

本书编写组◎编

KEXUESHI SHANG DE ZHONGDA FAXIAN

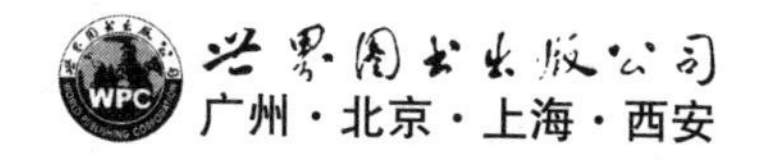

图书在版编目（CIP）数据

科学史上的重大发现 /《科学史上的重大发现》编写组编 .—广州：广东世界图书出版公司，2010. 4（2024.2 重印）

ISBN 978 - 7 - 5100 - 2241 - 8

Ⅰ. ①科… Ⅱ. ①科… Ⅲ. ①自然科学史 - 世界 - 青少年读物 Ⅳ. ①N091 - 49

中国版本图书馆 CIP 数据核字（2010）第 070677 号

书　　名	科学史上的重大发现 KEXUESHI SHANG DE ZHONGDA FAXIAN
编　　者	《科学史上的重大发现》编写组
责任编辑	柯绵丽
装帧设计	三棵树设计工作组
出版发行	世界图书出版有限公司　世界图书出版广东有限公司
地　　址	广州市海珠区新港西路大江冲 25 号
邮　　编	510300
电　　话	020-84452179
网　　址	http://www.gdst.com.cn
邮　　箱	wpc_gdst@163.com
经　　销	新华书店
印　　刷	唐山富达印务有限公司
开　　本	787mm × 1092mm　1/16
印　　张	10
字　　数	120 千字
版　　次	2010 年 4 月第 1 版　2024 年 2 月第 10 次印刷
国际书号	ISBN　978-7-5100-2241-8
定　　价	48.00 元

前　言

人类从诞生的那一刻起，就在不断地探索自然、发现自然，逐步地建立对大自然的认识。科学便是在人类不断的探索发现中诞生的。在这漫长的科学史中，古希腊时代和文艺复兴时期是科学发现最集中的时期。

在物理史上，科学革命是古希腊时代科学哲学和古典物理的分水岭。波兰人哥白尼首先以日心说否定了过去人们一直深信不疑的天动说。其后德国人开普勒也发展出其行星运行的模型，提出行星是按其轨迹而围绕着太阳运行。同时意大利人伽利略除不断强调其地动说外，还发展出多项基本的力学理论。到了1687年，英国人牛顿发现三大运动定律和万有引力定律，建立了古典力学的根基。原子弹的发明标志着物理学又一巅峰。20世纪初的物理学也出现了革命性变化，代表者为爱因斯坦。他发明了相对论，是对牛顿力学的概念作出了修正。这对物理学影响深远。因为爱因斯坦的理论，根本性地修订了过往科学界深信的知识，时到今天仍然备受讨论。

而现代化学则是由古代炼金术转化而来的。1661年爱尔兰人波义耳发现了气体定律。其后法国人拉瓦锡更有前瞻性理论——对过去人们深信不疑的燃素说作出全面否定；倡导质量守恒定律，指出物质转化时其质量不变。踏入19世纪，又有英国人道尔顿确立了“物质是由粒子组成”的理论。1869年俄罗斯人门捷列夫编制了元素周期表，把物质中数十个元素列举出来。这两人的研究对日后也影响深远，前者为日后的粒子理论奠下基础；后者则成为了化学的基本知识。今日的化学教科书，都少不了元素周期表。

1859年，英国博物学家查尔斯·达尔文在《物种起源》中，首先提出了以自然选择为主的演化理论，这可能是科学上最为显著且影响深远的一个理论。达尔文提出各种不同的动物，是经历了长时间的自然进程之后成形，甚至连人类也是如此演化而来的生物。演化论引起了社会上的反对和支持声浪，并深切地影响了大众对于"人类在宇宙中的地位"之理解。到了20世纪早期，奥地利僧侣格里哥·孟德尔在1866年所发展的遗传定律被重新发现，之后遗传成为了主要的研究对象。孟德尔定律是遗传学研究的起始关键，此学门也成为科学与产业上的主要研究领域之一。

20世纪中来自美国的乔治·伽莫夫、拉尔夫·阿尔菲、罗伯特·赫尔曼，通过计算推论出证据显示，宇宙间曾有大爆炸的痕迹。这些证据被视为计算宇宙历史的基础。其后60年代美国和苏联开始进行太空科技竞赛，1961年苏联派出世界第一个太空人加加林登上太空；后美国也派出太空人升空，历史性地首次登陆月球。其后各项太空发明相继面世，包括人造卫星、火箭和航天飞机等等。

在灿烂的科学史的长河中有许多伟大的科学发现，它们就像天空中的恒星一样璀璨。然而更令人钦佩的是那些勇于探索的科学家，他们用自己的辛勤和汗水甚至生命换来科学的伟大进步。本书从数学、物理、化学、生物、地理等五大方面，收录了从古到今的重大科学发现，并以故事的形式讲述深奥的科学知识，让读者轻松愉快地了解科学的发展历史，了解那些伟大发现背后的故事，最终使读者从思想上建立一个比较完整的自然科学发展观念，认识科学史的发展规律。

目 录
Contents

数 学 篇

十进位制的诞生 …… 1
0 的发现 …… 2
圆周率的诞生 …… 5
康托创立集合论 …… 11
代数学的诞生 …… 14
数学归纳法的诞生 …… 17
数学皇冠上的明珠 …… 20
微积分的创立 …… 23
数理统计学的诞生 …… 27
几何改革出新路 …… 30

物 理 篇

阿基米德浮体原理 …… 34
“磁力”的发现 …… 35
“场”的提出 …… 41
马德堡半球实验 …… 42
自由落体定律的发现 …… 46
万有引力定律的发现 …… 49
能量转化和守恒定律的发现 …… 55
光的色散的发现 …… 62
光的衍射及波动性的发现 …… 64
α、β、γ 射线的发现 …… 68
光电效应的发现 …… 72
电子波动性的发现 …… 78
宇宙线的发现 …… 82
J/ψ 粒子的发现 …… 84
量子电动力学 …… 88
爱因斯坦的相对论 …… 90

化 学 篇

燃烧现象的实质 …… 94
元素的确立 …… 96
氧气的发现 …… 102
元素周期律的发现 …… 107
镭的发现 …… 109
分子的发现 …… 111
烯烃复分解反应的发现 …… 112
芳香性的发现 …… 114

生 物 篇

达尔文的进化论 …… 116
显微镜下的第一个重大发现 …… 117
细胞的发现 …… 119
血型的发现 …… 120

病毒的发现 …… 123
青霉素的发现 …… 127
DNA 立体结构的发现 …… 135
遗传密码的发现 …… 136
克隆的发现 …… 137
人类基因图谱的完成 …… 138

地　理　篇

最早的欧亚大陆交通线 …… 141
郑和下西洋开辟亚非航海线 …… 143
迪亚士与达·伽马的航海发现 …… 144
葡萄牙人的航海发现 …… 145
哥伦布发现新大陆 …… 146
麦哲伦海峡 …… 148
英国航海家的探索发现 …… 149
大陆漂移假说 …… 149
海底扩张说 …… 152

数 学 篇

数学是研究数量、结构、变化以及空间模型等概念的一门学科。透过抽象化和逻辑推理的使用，由计数、计算、量度和对物体形状及运动的观察中产生。数学家们拓展这些概念，为了公式化新的猜想以及从合适选定的公理及定义中建立起严谨推导出的真理。

十进位制的诞生

十进位制是世界上使用非常广泛的十进制和进位制。所谓“十进制”是以 10 为基础的数字系统。而所谓“进位制”指以一个数字位置的移动表示进位的数字系统，不论数值多大，均以进一位表示 10 倍，进二位代表 100 倍，依此类推的数字系统，称为十进位制。十进位制起源于中国；十进位制，如同印刷术、火药和指南针一样，是中国对世界文明的最重要贡献之一。

“十进位制”是“十进制”的一种，但“十进制”并不一定都是“十进位制”。不论数值多大，“十进位制”必须只用不多于 10 个字符来表达任何数值，并且只以在一组数尾加 n 个代表零值的字符，来表达此数和 $10n$ 的乘积，例如 $123 \times 1000 = 123000$。

古埃及的 10、20，另有与 1 至 9 不同的符号表示，是十进制，但“进”的不是“位”，而是进号，进到另一个符号，所以古埃及的数字系统，虽是十进制，但不是十进位制。

古希腊用α表示1，β表示2，ε表示5，θ表示9；古希腊的10，不是α的进位，而另用ι表示，20为κ，100为ρ，125不是“αβε”，而是ρκε，也不是十进位制。

中国的零、一、二、三、十、百、千、万的书写数字系统是十进制，但用的符号多于10个，8000不是符号“八”的三级位置移动“八零零零”，而是“八”之外再加另一个符号“千”：“八千”，和古埃及、古希腊的十进制相似，同样是进号的十进制，不是真正的十进位制。

大约在公元前1400年的中国商代就已经出现十进位制。在商代甲骨文，十进位制已经明显可见，也比同时代的巴比伦和埃及的数字系统更为先进。巴比伦和埃及的数字系统，虽然也有进位，唯独商代的中国人，能用不多于9个算筹数字，代表任意数字，不论多大，这是一项巨大的进步。

以算筹为代表的十进位制在公元6世纪由中国传入高丽和日本。7世纪柬埔寨已有0字，比印度早250年。阿拉伯最早的十进位制，见于公元850年学者花拉子米的著作，虽然用阿拉伯数字，但其中的十进位制概念，分数的表示法以及加、减、乘、除四则运算的计算方法，和中国的筹算雷同。有学者认为，中国古代的筹算，通过丝绸之路南传柬埔寨、印度，又分两路西传东阿拉伯、西阿拉伯，促成印度—阿拉伯数字体系。

欧洲最早有十进位制的文献，是一部976年的西班牙语手稿，比中国应用十进位制，晚了2300年。

真正的十进位制只有中国古代筹算、算盘和印度—阿拉伯数字系统1、2、3、4、5、6、7、8、9、0。

0的发现

0是什么？0是一个重要的数。

首先，它是“有”、“无”之间的一个关节点。0之前意味着没有，从0起才意味着有。例如，一天的时间从0时开始，一个人的一生从0岁起算。0关联着有无，因而是一个极重要的数，许多人都以为0与其他数字是同时被认识的，其实它的发现比其他数字要晚得多。

早期的零

零的产生与位值制计数法有不可分割的关系。早期人们用位值制计数法的时候，遇到了空位，需要一个合适的记号，就用不同的方式来表示零。因而，最初的零是由位值制计数法产生的。

世界上较早采用位值制计数法的有巴比伦、玛雅、印度和中国等。这些地区的民族对零的产生和发展都作出过自己的贡献。

巴比伦的泥版书中记载了在公元前 200 ~ 公元 300 年时产生的最早的零。它只用来表示空位，其计数法是 60 进制的。

玛雅人是中美洲印第安人的一支，在公元前后创造了灿烂的古代文化。他们创造了一种 20 进位值制的计数法，其中有非常明确的零号，它形如贝壳或一只半睁的眼睛。零号可用于两数之间，也可以用于末位；它可以表示空位，也有指示各个数字位置（数位）的功能，但不能单独使用，也没有作为数进入计算。古希腊人采用字母计数法所谓字母计数法就是按字母表的顺序，每一个字母表示一个数字。一个十分奇特的现象是，其整数是 10 进，1 以下的分数为 60 进。更为奇特的是，它的整数是非位值制的，而 1 以下的分数却是 60 进位值制，这显然是受到巴比伦的影响。

古希腊的天文学家托勒密以他的地心说知名于世，在他的著作《天文学大成》中使用了 60 进分数。把圆周分为 360 度，每度 60 分，每分 60 秒。他的计法很奇特，如“41°0′18″记为$\overline{\mu\alpha}\,o\,\overline{\tau\eta}$。他所使用的字母计数法中 $\mu=40$，$\alpha=1$，$\tau=10$，$\eta=8$，字母上画横线表示它们是数，以与文字相区别。于是 $\mu\alpha=41$，$\tau\eta=18$，前者放在度的位置上表示 41 度，后者放在秒的位置上表示 18 秒，表现出位值制的思路。这可以说是世界上第一次用小圈 0 表示零的意思。但是托勒密的小圈只用于 60 进分数，在整数书写时，因为不是位值制，所以不用零号，也提不出零的问题。

托勒密的小圈也用于表“空位”和指示数位，没有作为数参加运算，也没有单独使用的情况。

印度—阿拉伯数字

最先把零作为一个数参加运算的是印度人。他们很早就采用了十进位值制计数法。空位最先是用空格表示的，后来为了避免看不清空格，就在空格上加一小点，如用 3 · 7 表示 307。后来由小点发展为小圈 0 表示零。这一发现是在印度瓜廖尔地方的一块石碑上。上面的数字和现代的数字很相似。其纪年为公元 876 年。

印度人承认零是一个数并用它参加运算可以说是对零的发现的更为重要的贡献。在印度天文学家瓦哈哈米希拉的《五大历数全书汇编》中可以看到对零施行加、减运算；后来的数学家婆罗摩笈多对零的运算有更完整的表述，同时他还提出了零作除数的问题。

后来，印度人的零作为数参与运算的观念和零的记号经历漫长的岁月，特别是经阿拉伯人和斐波那契的工作传入欧洲，逐渐演化成现代的零的概念和印度—阿拉伯数字中的 0 号。6 ~ 8 世纪，印度梵文的“空”（即零）称为 Sunya，9 世纪译成阿拉伯文，13 世纪转成拉丁文 cifro、cephirum 或 zefirmn，以后又变成英文的 zem，法文的 z6ro。英文 cipher 也同出一源，有零的含义，后来引申为数字特别是阿拉伯数字，与其相当的德文是为 ziffer，意大利文 cifra，法文 chiffre，它们的发音也相近。

中国数字中使用的零号是一个圆圈○，与印度—阿拉伯数字中长圆的零号 0 不同，虽然世界上最早使用 10 进位值制计数法的是中国人（公元前 5 世纪，筹算数字），但零的使用却较晚。在中国数字表述中，最初用空一格表示零。后来，由于我国古书缺字都用“□”表示，数字间的空位为明确起见，自然也就用这个“□”来表示。但在毛笔书时，字体常用行书，方块也就顺笔画成圆圈了，以○表示零。这最早见于金《大明历》。以后这个零就延续下来了，在汉字表示零时用○表示，而在使用阿拉伯数字的地方，当然还要使用长圆的 0 了。

0 的数学意义

在数学中，0 不仅仅起着沟通有无的作用，它还有着更多的意义。

首先，0 是一个数学概念，在数学中它表示“一无所有”的意思。如 5 - 5 = 0。在逻辑代数中，只有两个数字 1 和 0。用 1 表示有，0 表示无；用 1 表示肯定，0 表示否定；用 1 表示线路的打开，0 表示关闭。电子计算机

所使用的二进制运算，0 是一个非常重要的角色。这里 0 表示“无”，和前面说的“从 0 起意味着有”是否矛盾呢？其实并不矛盾，意味着有并不是实在的有。用一句哲学上的话来说，0 是对“无”的“扬弃”，是对自我的否定，因此意味着有，并不是 0 就是有。

其次，0 在位值制计数法中表示“空位”，同时也起到指示数字所在的“数位”的作用，如在现在通用的阿拉伯计数法中，302 表示十位上没有数，3 是百位上的数字，表示 300，即 $302 = 3 \times 100 + 0 \times 10 + 2$。

再次，0 本身是一个数，可以与其他数一同参加运算，因此要遵循若干运算规则，其中最独特的是：0 不能做除数！

最后，0 是标度或分界。如温度以 0℃ 为界分为零上零下，海拔高度以 0 米为界分为高于低于海平面。在以数轴表示实数时，这个意义的发挥更加突出：0 是一个特殊的点，从这一点起，在一条直线上以某一方向为正，而相反的方向为负。这个 0 点一经确定，就成为运算的中心，常常决定了其他各点所在的方向。

正如恩格斯指出的：“零是任何一个确定的量的否定。所以不是没有内容的。相反地，零是具有非常确定的内容的。……零不只是一个非常确定的数，而且它本身比其他一切被它所限定的数都更重要，事实上，零比其他一切数都有更丰富的内容。”

圆周率的诞生

在三国两晋南北朝时代，我国的数学科学已闪烁着耀眼的光芒，出现了历史上杰出的数学家刘徽和祖冲之。这两个不朽的人物为我国数学奠定了牢固的基础。

先说刘徽，他是三国时代魏国人。关于他的身世和生平事迹，由于资料有限，我们了解得很少。他的活动区域大致在山东半岛和江苏北部一带。

刘徽自幼熟读《九章算术》，在魏陈留王景元四年（263）前后，为我国古代数学经典著作《九章算术》作注，做了许多创造性的数学理论工作，对我国古代数学体系的形成和发展影响很大，在数学史上占有突出的地位。

刘 徽

《九章算术》体现了中国古代自先秦到东汉以来的数学成就。但当时没有发明印书的方法。这样好的书也只能靠笔来抄写。

在辗转传抄的过程中，难免会出现很多的错误，加上原书中是以问题集的形式编成，文字过于简单，对解法的理论也没有科学的说明。这种状况明显地妨碍了数学科学的进一步发展。

刘徽为《九章算术》作注，在很大程度上弥补了这个重大的缺陷。在《九章算术注》中，他精辟地阐明了各种解题方法的道理，提出了简要的证明，指出个别解法的错误。

尤其可贵的是，他还做了许多创造性的工作，提出了不少远远超过原著的新理论。可以说，刘徽的数学理论工作为建立具有独特风格的我国古代数学科学的理论体系，打下了坚实的基础。

刘徽在《九章算术注》中，最主要的贡献是创立了“割圆术”，为计算圆周率建立了严密的理论和完善的算法，开创了圆周率研究的新阶段。

圆周率即圆的周长和直径的比率，它是数学上的一个重要的数据，因此，推算出它的准确数值，在理论上和实践上都有重要的意义和贡献。

在世界数学史上，许多国家的数学家都曾经把圆周率作为重要研究课题，为求出它的精确数值作了很大努力。在某种意义上说，一个国家历史上圆周率精确数值的准确程度，可以衡量这个国家数学的发展情况。

《九章算术》原著中，沿用自古以来的数据，即所谓“径一周三”取 $\pi=3$，这是很不精确的。到了后来，三国时期的王蕃（230～266）采用了3.1566，这虽然比“径一周三”有了进步，但仍不够精密，而且也没有理论根据。

怎样才能算出比较精密的圆周率呢？刘徽苦苦地思索着。

一天，刘徽信步走出门去，去大自然呼吸新鲜的空气。在他的眼前，群山绵绵不断地伸展开去，好像数学哲理似的奥妙莫测。

刘徽的思路仿佛进入群山的巍峨中，鉴证着大自然的不可思议的创造。刘徽抬眼望去，远处一个高耸入云的顶峰上，有一座小小的庙宇，他猜测着，数学的殿堂是不是也和这庙宇一样，风光而又曲折。

一阵叮叮当当的响声引起了刘徽的注意，他朝着响声走去，原来这是座石料加工场。这里的石匠师傅们正把方形的石头打凿成圆柱形的柱子。

刘徽颇感有趣，蹲在石匠师傅的身边认真地观看着。只见一块方石，经石匠师傅砍去四角，就变成一块八角形的石头，再去掉八角又变成十六角形，这样一凿一斧地干下去，一方形石料加工成光滑的圆柱了。

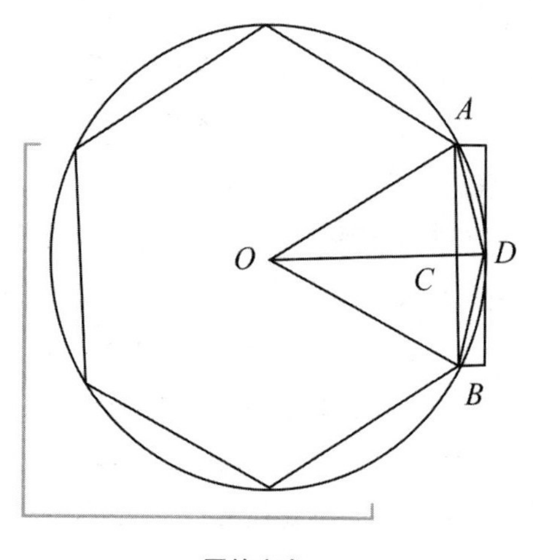

圆的启发

刘徽恍然大悟，马上跑回家去，认真地在地上比划着，原来方和圆是可以互相转化的。

他把一个圆周分成相等的 6 段，连接这些分点组成圆内正六边形，再将每一分弧二等分，又可得到圆内接正 12 边形，如此无穷尽地分割下去，就可得到一个与圆完全相合的正“多边形”。

刘徽由此指出：圆内接正多边形的面积小于圆面积，但“割之弥细，所失弥少。割之又割，以至于不可割，则与圆周合体，而无所失矣”。

这段话包含有初步的极限思想，思路非常明晰，为我国古代的圆周率计算确立了理论基础。

综合上面的论述，刘徽实际上建立了下面的不等式：

$$S_{2n} < S < S_{2n} + (S_{2n} - S_n)$$

这里 S 是圆面积，S_{2n}、S_n 是圆内接正多边形的面积，n 是边数。

刘徽使用了这个方法，从圆内接正 6 边形算起，边数依次加倍至正 192 边形的面积，得到的圆周率 π 的近似值是 157/50，这相当于 $\pi=3.14$。

他还继续计算，直到求出了正 3072 边形的面积，进一步得到 π 的近似值是 3927/1250，这相当于 $\pi=3.1416$。

3.14 和 3.1416 这两个数据的准确程度比较高，在当时世界上是很先进的数据。

刘徽还明确地概括了正负数的加减法则，提出了多元一次方程组的计算程序，论证了求最大公约数的原理，对最小公倍数的算法也有一定地研究。

这些都是富有创造性的成果，因此可以说，刘徽通过注解《九章算术》，丰富和完善了中国古代的数学科学体系，为后世的数学发展奠立了基础。

刘徽撰写的《重差》，原是《九章算术注》的第十卷，后来单独刊行，被称为《海岛算经》。这是一部说明各种高度或距离的测量和计算方法的著作，即关于几何测量方面的著作。

有一次，刘徽和朋友们到海边去散步，刘徽抬眼望去，那是一片伟丽而宁静的、碧蓝无边的海。它在眼光所及的远处，与淡蓝色的云天相连。

微风爱怜地抚摸着海的绸缎似的胸膛，太阳用自己的热烈的光线温暖着它。而海，在这些爱抚的温柔力量之下睡梦似的喘息着，使沸热的空气充满了蒸发的盐味。

淡绿的波浪跑到黄沙上来，抛掷着雪白的泡沫，吻着刘徽及朋友们的脚，刘徽心旷神怡，索性坐在沙滩上，让那微咸的海水润湿着裤脚。

这时，一个朋友指着茫茫大海中耸立着的一座孤岛问道："谁知道小岛有多高？多远？"另一朋友想了想："只要准备一只小船和足够的绳子，我就能量出小岛的距离和高度。"

众人哄地笑了起来，这得需要多少绳子，即使给你绳子，你也量不出小岛的距离和高度。因为绳子有伸缩性，而小岛有斜坡。再说，这办法也太笨了。

这时，刘徽在一旁沉默不语，有人请他发表意见。刘徽说：“我根本不需要到小岛去，只需两根竹竿，即可量出它的高和远。”

朋友们睁大双眼愣愣地望着刘徽。刘徽见朋友不相信他，便在海滩上画出图来，解释道：“在岸边垂直竖立两根一样长的杆子 GH 和 EF，使它们与小岛 AB 位于同一方向上，然后分别在与两杆顶 E、G 与岛尖 A 成一直线的地面 C 和 D 点作记号便可以了。”

这样一来 CF、DH、HF、EF 的长度我们都可量出来，现在来算出岛的距离 BF 和岛的高度 AB，刘徽算出的结果是：

$AB = EF \times HF/DH - CF + EF$

$BF = CF \times HF/DH - CF$

具体怎样计算，我们就不再一一赘述了，读者如有兴趣的话，不妨一试，来证明刘徽的公式。

刘徽在《九章算术注》的自序中说：“事类相类，各有攸归。故枝条虽分，而同本干者，知发其一端而已。”

刘徽的研究方法和研究成果对我国古代数学的发展产生了非常深刻的影响，为我国数学科学史增添了光辉的一页。

近年来，刘徽的《九章算术注》和《海岛算经》被翻译成许多国家的文字，向世界显示了中华民族灿烂的古代文明。

刘徽之后约 200 年，我国南北朝时期又出现了一位大科学家祖冲之。他认为刘徽采用割圆术只算到正 3072 边形就停止了，得出的结果还是不够准确。

如果能在刘徽 3072 边形的基础上割之又割，作出 6144、12288……边形，不就可以求出更精确的圆周率吗？

祖冲之不满足于前人的成就，决定攀登新的高峰。他通过长期刻苦钻研，在儿子祖暅的协助下，反复测算，终于求得了精确度更高的圆周率。《隋书·律历志》中记载了他的成就：

“宋末，南徐州从事史祖冲之更开密法，以圆径一亿为一丈，圆周盈数 3 丈 1 尺 4 寸 1 分 5 厘 9 毫 2 秒 7 忽（3.1415927 丈），朒数 3 丈 1 尺 4 寸 1 分 5 厘 9 毫 2 秒 6 忽（3.1515926 丈），正数在盈朒之间。密律：圆径 113，

祖冲之

圆周 355。约律：圆径 7，周 23。”

从上述文字记载来看，祖冲之对圆周率贡献有三点：

（1）计算出圆周率在 3.1415926 到 3.1415927 之间，即 $3.1415926 < \pi < 3.1415927$，在世界数学史上第一次把圆周率推算准确到小数点后 7 位。这在国外直到 1000 年后，15 世纪阿拉伯数学家阿尔·卡西计算到小数 16 位，才打破祖冲之的纪录。

（2）祖冲之明确地指出了圆周率的上限和下限，用两个高准确度的固定数作界限，精确地说明了圆周率的大小范围，实际上已确定了误差范围，这是前所未有的。

（3）祖冲之提出约率 20/7 和密率 355/113。这一密率值是世界上第一次提出，所以有人主张叫它“祖率”。在欧洲，德国人奥托和荷兰人安托尼兹得到这一结果，已是 16 世纪了。祖冲之是怎样得出这一结果的呢？他应该是从圆内接正 6 边形、12 边形、24 边形……一直计算到 12288 边形和 24576 边形，依次求出它们的边长和面积。

这需要对有 9 位有效数字的大数进行加减乘除和开方运算，共一百多步，其中近 50 次的乘方和开方，有效数字达 17 位之多。

当时，数字运算还没有用纸、笔和数码，而是用落后的筹算法。通过纵横相间的小竹棍来演算，可见祖冲之付出多么艰巨的劳动，需要具备多么严肃认真的精神。

祖冲之和他的儿子祖暅还用巧妙的方法解决了球体积的计算问题。在他们之前，《九章算术》中已经正确地解决了圆面积和圆柱体体积的计算问题。

但是在这本书中，关于球体积的计算公式却是错误的。刘徽虽然在《九章算术注》中指出了这个错误，但是也未能求出球体积的计算公式。200年后，祖冲之父子继续刘徽的工作，在我国数学史上第一次导出了正确的球体积公式。值得注意的是，祖暅在推算求证的过程中，得出了“等高处的横截面积相等，那么二个立体的体积必然相等”的结论。

这个问题在1000年后才由意大利数学家卡瓦列利提出，被人称为“卡瓦列利定理”，其实我们完全有权利称它为“祖暅定理”。

祖冲之父子的研究成果汇集在一部名叫《缀术》的著作中，被定为“十部算经”之一。可惜的是，到了宋朝以后，这部伟大的著作就失传了。

祖冲之的科学成就，在我国以至世界科学技术发展史上，将永远放射光芒。为了纪念这位伟大的科学家，国际上把月球背面的一个山谷，命名为“祖冲之”，可见世界对祖冲之的敬仰。

康托创立集合论

早在1638年，意大利天文学家伽利略发现了这样一个问题：全体自然数与全体平方数，谁多谁少？不仅伽利略对此困惑不解，许多数学家也回答不了这个问题。谁又会想到，这一问题却为现代数学基础——集合论的诞生播下了种子。

集合论是19世纪末德国数学家乔治·康托创造的。由于它深入到数学的每一个角落，所以成为一切数学分支的基础。英国哲学家、数学家罗素称赞康托的发现“或许是我们这个时代可引以为自豪的最伟大的事件”。

勤勉的康托

乔治·康托于1845年3月3日出生于俄国彼得堡一个犹太商人的家庭。1856年，康托全家迁往德国法兰克福。康托一生主要时光是在德国度过的。

康托有弟妹六人，他是老大。父亲从小就给他们灌输宗教方面的教育，并培养他们自信、自强和奋斗精神。父亲在给15岁的康托的一封信中写道：

“你的父亲，或者说，你的父母以及在俄国、德国、丹麦的其他家人都在注视着你，希望你将来能成为科学地平线上升起的一颗明星。”这封信始终陪伴着康托，成为康托终生奋斗的一个动力。

年轻的康托在一所寄宿学校读书，操行评语上写着：“他的勤勉和热情堪称典范，在初等代数和三角方面成绩优异，其行为举止值得赞扬。”他是一个有很高天赋、全面发展的学生，在数学方面尤为突出。但父亲并不希望儿子献身纯粹数学，希望儿子能够学工程学。1862 年，康托上了苏黎世大学，次年又转入柏林大学学习。当时，维尔斯特拉斯、库默尔等著名数学家都在柏林大学任教。受他们的影响，康托放弃了当工程师的打算，转为研究纯粹数学。

他 22 岁时获得柏林大学数学博士学位，博士论文是关于数论方面的。他在博士论文中提出了一些奇异的观点，这在常人看来似乎有些离经叛道。他却认为，数学中提问的艺术比起解法来更为重要。后来，康托对数学独特的贡献就在于他以特殊的提问方式开辟了广阔的研究领域。

1869 年康托在哈雷大学担任助教，主要研究数论、不定方程和三角级数。

集合论的诞生

从古希腊时候起，对“无限”问题的研究就一直是数学家努力攻克的堡垒之一，但这一工作极其困难。比如，某种无穷多事物的计数问题，两类无穷多事物的个数的比较问题等。人们对此类问题的认识还不够深入，致使数学中有许多遗留问题未能得到彻底解决。例如实数是否可数，实数有多少等等，在分析学中也留有不少的疑问。

到了 19 世纪下半叶，德国另一位大数学家戴德金作出了重大突破，他是对 20 世纪有极大影响的数学家。戴德金曾著文论及“无限”，认为一个系统如能和本身的一部分相似，则称为是无限的，否则是有限的。

在伽利略问题提出二百多年以后，1873 年康托开始了有关集合和无限等问题具有变革意义的工作。他第一次系统地研究了无穷集合的度量问题，并给出了度量集合的基本概念：一一对应，以此作为衡量集合大小的一把

"尺子"。这样，如果两个集合之间能够建立一一对应的关系，就说它们的个数是相等的。康托利用自己的这一结论成功地证明了实数集合与自然数集合之间不能建立起一一对应关系，从而证明了实数集合是不可数的。这就解决了伽利略问题。

同年12月7日，他把自己这一发现写信告诉戴德金。以后，数学史家把这一天看作集合论的诞生日。

次年，29岁的康托结婚了。在度蜜月时他碰到了戴德金，两人进行了学术交流。康托继续戴德金的想法，认识到戴德金关于无限的定义是正确的，但是无限集彼此之间也是千差万别，并不相似，应该加以区别。接着，康托就把他的这些研究成果写成《论所有实代数的集合的一个性质》一文，发表在《克列尔数学杂志》上。这是关于集合论的第一篇论文，具有开创性意义。该文详细地论说了"无限"这一问题，受到世人注目，并成为后来的势和序数理论的基础。

以后十年间，他继续探索并发表了一系列论文，并以《集合论基础》为题作为专著于1883年出版。他开始了数学一个全新领域的研究。他发展了奠基于对实无穷作数学处理的超限数理论，并创造了相似于有限数运算的超限数算术。

集合论体现现代数学思想，它以全新的手段考察数学的研究对象，既能见树木，又能看到森林。对某一类问题的研究，像蘑菇一样成堆成片地作出发现。邻域、映射、线性空间、结构、群、环、域等一系列现代数学概念，都建立在集合论之上。

集合论中的连续统假设更是数学问题来源于几何、力学、物理等方面的现实问题的一个范例。它是康托在1882年提出的一个猜想：在可数集基数和实数集基数之间没有别的基数。直观地讲，就是实数有多少的问题，一条直线上点有多少的问题。一百年来，经过许多著名数学家的不懈努力，集合论取得了一些重大进展，而且为了解决它也找到一些著名的方法，这些方法对解决其他数学问题起了积极的作用。但是就猜想本身来说，还需要继续寻求新的数学命题或采用其他有效途径去攻克。

代数学的的诞生

16 世纪，比利时出现了一位数学家，名叫罗梅纽斯，深受国王的推崇，为此国民深感自豪和骄傲。于是比利时的大使向法国国王亨利四世夸口说："法国还没有一个数学家能解决我国数学家罗梅纽斯的一个关于 45 次方程的求根问题。" 实际上这一问题是罗梅纽斯 1573 年在他的《数学思想》一书中提出的一道难题。这回大使就用它来向法国挑战。

对此法国国王决定在国内选取数学家，设法解决这一问题，以长国威。然而找了不少数学教授都没能找到解决的答案。国王消沉不语，如同丧权辱国一样使他深受打击。

有一天，国王亨利四世召见了韦达，让他求解这个 45 次方程。韦达看过这个方程后，便向国王说道："一个相当简单的问题，我马上就能给出正确的答案。" 因为韦达看出这个方程的解是依赖于 $\sin 45\theta$ 与 $\sin\theta$ 之间的关系，所以几分钟内就求出了两个根，后来又求出了 21 个根，负根被弃去了。国王见到了答案，高兴地说道："韦达是我国乃至全世界最伟大的数学家。" 接着便赏给韦达 500 法郎。

的确，韦达是法国著名的数学家，也是数学史上最杰出的数学家之一。他是文艺复兴运动的推动者。但是那时的国王主要靠神权统治国家，所以对科学的发展状况和本国学者的知名度也不太了解。关于这个 45 次方程的求根问题，韦达解决的如此之快，是因为他把这个方程变换了形式。他认为这个问题相当于：给定一弧所对的弦，求该弧的 1/45 所对应的弦。也就是等价于：用 $\sin\theta$ 表示 $\sin 45\theta$，并求出 $\sin\theta$。如果 $\chi = \sin\theta$，那么这个代数方程对 χ 就是 45 次的。韦达知道这个问题，只要把这个代数方程分成一个 5 次的方程和两个 3 次方程就行了。

不久后，韦达也开始向罗梅纽斯挑战：看谁能解阿波罗尼斯提出的"作一圆与三个给定圆（允许独立地退化成直线或点）相切的问题"。罗梅纽斯以欧几里得几何作工具没有解出，而韦达则解出了。当罗梅纽斯得知韦达的天才解法后，十分敬佩。他长途跋涉到丰特内专程拜访了韦达，从

此他们结下了亲密的友谊。

韦达对数学的贡献是巨大的，他在古典数学成就的基础上，确立了符号代数学，发展了代数学理论，引起代数学发生了本质的变革；他在三角学上有重要建树；他运用代数方法解决几何问题的思想闪耀着解析几何的光芒，他对分析数学也发表了重要见解，因而为高等数学的产生提供了思想条件。

朋友，你一定会想到韦达肯定接受过专门的数学教育。其实韦达对数学来说只是一个业余爱好者。

韦达于1540年出生在法国的丰特内，他的姓名叫佛兰西斯·韦埃特，韦达是其拉丁文名字。他的专业是法律，接受过专门的法律专业训练，曾任过律师、布列塔尼议会议员、那瓦尔的亨利亲王的枢密顾问官。他对天文学、数学都有浓厚的兴趣，经常利用业余时间在家学习和研究数学。由于他在政治上处于反对派地位，1584～1589年被免去了官职。从此以后，他便专心致力于数学研究。

韦达在其政治生涯的余暇时间，研读了丢番图、塔尔塔利亚、卡尔丹诺、邦别利、斯提文等人的著作。他从这些名家，特别是从丢番图那里，获得了使用字母的想法。以前，虽然也有一些人，包括欧几里得、亚里士多德在内，曾用字母来代替特定的数，但他们这个用法不是经常的、系统的。韦达是第一个有意识地、系统地使用字母的人，他不仅用字母表示未知量和未知量的乘幂，而且用来表示一般的系数。通常他用辅音字母表示已知量，用元音字母表示未知量。他使用过现今通用的“+”号和“-”号，但没有采用一定的符号表示相等，也没有用一个符号表示相乘，这些运算是用文字来说明的。尽管如此，他的想法和尝试也是划时代的，它对代数学的国际通用语言的形成起到了极为重要的作用。

韦达认为，代数是发现真理的特别有效的工具。他看到有关量的相等或成比例问题，不管这些量是来自几何、物理或是其他方面，都有可能用代数来处理。因此，他对高次方程和代数方法论进行了不懈的研究。他为了将自己的数学成果及时公诸于世，自筹资金印刷发行。

1591年韦达出版了《分析方法入门》，这本著作是历史上第一部符号

代数学。该书明确了“类的算术”和“数的算术”的区别，即代数与算术的分界线。韦达指出：“代数，即类的算术，是对事物类进行运算；而算术，是对数进行运算。”于是代数成为更带有普遍性的学问，即形式更抽象，应用更广泛的一门数学之分支。韦达这种关于符号体系的想法得到了重视与赞扬。韦达由于在确立符号代数学上的功绩，被西方称为“代数学之父”。

在法国同西班牙的战争中，西班牙依仗着密码，在法国境内秘密地自由通讯，使法国部队连连败退。韦达在亨利四世的请求下，借助数学知识，成功地破译了一份西班牙的数百字的密码，从而使法国只用两年工夫就打败了西班牙。韦达在这次战争中，显示了他的才能，效忠了祖国。但是，西班牙国王菲力普二世向教皇控告说，法国在对付他的国家时采用了魔术。西班牙宗教裁判所，以韦达背叛上帝的罪名，缺席判决，处以焚烧致死的极刑。宗教的横蛮行径，未能实现。韦达于 1603 年 12 月 13 日在巴黎逝世，时年 63 岁。

韦达去世 12 年后，他生前写成的《论方程的整理与修正》一书出版。这部著作为方程论的发展树起了一个重要的里程碑。在这部著作中，韦达把五次以内的多项式系数表示成其根的对称函数；提出了四个定理，这些定理清楚地说明了方程的根与其各项系数之间的关系——韦达定理；为一元三次方程、四次方程提供了可靠的解法，为后来利用高等函数求解高次代数方程开辟了新的道路。

此外，韦达利用欧几里得《几何原本》第一个提出了无穷等比级数的求和公式，他发现了正切定律、正弦差的公式、钝角球面三角形的余弦定理等。韦达运用代数法分析几何问题的思想，正是笛卡尔解析几何思想的出发点。笛卡尔曾说自己是继承韦达的事业。

遗憾的是韦达的著作在他在世时传播不够广泛。1646 年，荷兰数学家范·施库腾等人把韦达的全部著作整理成《韦达文集》出版，对数学的发展起到了巨大的推动作用。

数学归纳法的诞生

我们经常会遇到涉及全体自然数的命题，对待这种问题，如果要否定它，你只要能举出一个反例即可。如果要证明它，由于自然数有无限多个，若是一个接一个地验证下去，那永远也做不完。怎么办？数学家想出了一种非常重要的数学方法来解决这类问题，那就是数学归纳法。数学归纳法在数学中有着广泛的应用，它是沟通有限和无限的桥梁。

欧几里得的开端

实际上，人们很早就遇到了无限集合的问题，而当时具体的推导或计算都只是针对有限对象，实施有限次论证。怎样在具体的推导或计算中把握无限的难题，这很早就摆在数学家面前了。

最先是古希腊数学家欧几里得在他的《几何原本》中采用了近似于数学归纳法的思想。该书第 9 卷第 20 命题是：“素数比任何给定的一批素数都多。”

欧几里得在证明这一命题时采用了独特的“几何”方式，他把数视为线段：设有素数 a、b、c，另设 $d = a \cdot b \cdot c + 1$，则 d 或是素数或不是素数。如果 d 是素数，则 d 是与 a、b、c 三者都不同的素数。如 d 不是素数，则它必有素因数 e，并且 e 与 a、b、c 都不同，所以一定有比给定的素数更多的素数。

这一证明里隐含了：若有 n 个素数，就必然存在 $n+1$ 个素数，因而自然推出素数有无限多个。这是一种试图用有限推导把握无限的做法。虽然它不是很完善，但由于它隐含着这个命题，是人们还是普遍接受了它。这可以说是数学归纳法思想产生的早期，是人们沟通有限和无限的一种初步的尝试。

帕斯卡的工作

欧几里得之后，似乎是由于数学的发展长期没有进一步提出涉及无限集合的问题，所以在漫长的18个世纪中没有人在这个问题上前进一步。直到16世纪，一位意大利数学家毛罗利科在他的《算术》一书中明确地提出了一个“递归推理”原则，并提出了一个例子：

“证明 $1+3+5+\cdots+(2k-1)=k^2$ 对任何自然数都成立。”他用这一例子来说明这一原则的应用。不过他并没有对这一原则作出清晰的表述，所作的证明也仅限于对 $k=2$、3、4 时进行的计算。他仍像欧几里得那样，隐含地表示出原则的必要性。但由于他第一次正式提出这一原则，并以例子说明，所以人们认为毛罗利科是第一个正式应用数学归纳法的人。

明确而清晰地阐述并使用了数学归纳法的是法国数学家、物理学家帕斯卡。帕斯卡发现了一种后来被称为“帕斯卡三角形”的数表，即二项展开式系数表，中国称为“贾宪三角形”（是宋代贾宪于公元11世纪最先发现的）。而帕斯卡在研究证明这个算术三角形命题时，他最先准确而清晰地指出了证明过程所必须且只需的两个步骤，他称之为第一条引理和第二条引理。

第一条引理该命题对于第一个数（即 $n=1$）成立，这是很显然的。

第二条引理如果该命题对任一数（对任一 n）成立，它必对其下一数（对 $n+1$）也成立。由此可见，该命题必定对所有 n 值都成立。

接着，他用这两个引理证明了计算 G_n^r 的公式，用现代记法为：$G_n^r=n!/r!(n-r)!$ 这是用数学归纳法证明的第一个数学命题。

帕斯卡的证明方法正是现在的数学归纳法，他所提出的两个引理就是数学归纳法的两个步骤，他在1654年写出的著作《论算术三角形》中做了详尽的论述。因此，在数学史上，人们认为帕斯卡是数学归纳法的创建人。

归纳法的完善

由于帕斯卡的时代尚没有建立表示自然数的符号，所以帕斯卡证明的第二步仍然只能以例子来陈述。

1686年，瑞士数学家J·伯努利提出了表示任意自然数的符号，在他的《猜度术》一书中，给出并使用了现代形式的数学归纳法。

这样，数学归纳法开始得到世人的承认并得到数学界日益广泛的应用。

后来，英国数学家德·摩根给定了“数学归纳法”的名称。1889年，意大利数学家皮亚诺建立自然数的公理体系时，把数学归纳法作为自然数的公理之一（称为递归公理或数学归纳法公理）确立起来。这才为数学归纳法奠定了坚实的理论基础。

那么数学归纳法与人们通常说的逻辑学中的“归纳法”有什么关系呢？对这一问题曾有过数学归纳法是归纳方法还是演绎方法的争论。这主要缘于“数学归纳法”的名称有误，实际上，它应称为“递归方法”或“递推方法”，是一种“从 n 过渡到 $n+l$”的证明方法，与逻辑学中的归纳法没有什么关系。严格地说，它倒属于演绎方法：递归公理是它的一个大前提。

以有限把握无限

数学归纳法中的递推思想在我们的生活实践中经常会遇到。比如家族的姓氏，我们知道通常按父系姓氏遗传，即下一代的姓氏随上一代父亲的姓确定，并且知道了有个家族第一代姓李，只要明确了这两点，我们就可以得出结论：这个家族世世代代都姓李。再比如，把许多砖块按一定的间隔距离竖立起来，假定将其中任何一块推倒都可以波及下一块砖倒掉，这时你如果推倒了第一块砖，后面无论有多少块砖，肯定全部会倒掉。

这两个事例告诉我们这样一个道理：在证明一个包含无限多个对象的问题时，不需要也不可能逐个验证下去，只要能明确肯定两点：一是问题所指的头一个对象成立，二是假定某一个对象成立时，则它的下一个也必然成立，这两条合起来就足以证明原问题。数学归纳法就是在这个简单道理的基础上抽象而成的，它的现代表述是：证明关于自然数 n 的命题 $P(n)$，只要：一证明 $P(1)$ 为真；二假设 $P(k)$ 为真，则 $P(k+1)$ 为真。两项都得到证明，则 $P(n)$ 为真。

依赖于自然数的命题在数学中普遍存在，用数学归纳法证明这类命题，两步缺一不可：第一步叫奠基，是基础；第二步叫归纳，实际上是证明某种递推关系的存在。这是以有限来把握无限，通过有限次的操作来证明关于无限集合的某些命题。

数学界把数学归纳法视为沟通有限和无限的桥梁。假如没有这个桥梁，很难想象人类如何认识无限集合问题，数学的发展也将会大打折扣。所以，数学家非常重视并经常使用它，正是这座桥梁使人类通向了认识的彼岸。

数学皇冠上的明珠

18 世纪的德国，有一位年过半百的中年人，在看起来并没有什么特别的数字里，竟发现了一个秘密，提出了一个似乎很简单的猜测，可这一猜想令后人折腾好几百年，仍一筹莫展。这是他从未料到的像神话般的一个真实的科学故事。

公使提出的难题

18 世纪普鲁士有一位法律系毕业的大学生，名叫哥德巴赫。1725 年他来到俄国，出众的才华使他成为彼得堡科学院院士并兼任秘书，1742 年，被德国任命为常驻莫斯科外交公使。哥德巴赫办公之余，爱思考数学问题。有一天他对“奇数 + 奇数：偶数”这一数字规律细细推敲，发现其中似乎还存在另一个奥妙：

奇素数 + 奇素数 = 偶数

他验算了许多偶数都是对的。于是，他大胆地产生了一个奇想：“任何一个不小于 6 的偶数都可以表示成两个素数之和。”在此基础上，他还发现：“每一个不小于 9 的奇数都可以写成三个奇素数的和。”

他的“异想天开”对不对？他不能证明。1742 年 6 月 7 日，52 岁的公使先生写信给在俄国彼得堡工作的世界著名的瑞士数学家欧拉，告诉他发现的这一奥秘，并希望数学大师给出证明。

同年 6 月 30 日，欧拉在给他的回信中说：“任何不小于 6 的偶数都是两个奇素数之和，虽然我还不能证明它，但我确信无疑地认为这是完全正确的结论。”显然，公使先生信中的第二个问题可以从第一个问题推出，但从第二个问题却推不出第一个问题。因此，人们把第一个问题叫做“哥德巴赫猜想”，把第二个问题叫做猜想的推论。

欧拉是当时首屈一指的数学家，解决了许多难题，然而面对这一看似简单的猜想，竟也感到为难，直到去世时都没能证明，这引起了大家的注意。在以后的200多年里，无数数学家和数学爱好者试图证明这一猜想，可无人能完成。他们的心血都被这一猜想所吞没。

公元1900年，德国著名的哥廷根大学教授希尔伯特在巴黎召开的第二届国际数学家会议上，提出了震动数学界的23个世界数学难题，其中第8个问题就是哥德巴赫猜想。他把这一猜想比作数学皇冠上一颗美丽的宝石，希望有人能摘取它。不少数学家做了很多验证工作，他们检查过3300万以内的全部偶数，发觉猜想都是对的，但是，偶数是无穷无尽的，验证不能代替证明。他们还是悲观地认为，这是“现代数学家所力不能及的”。

兰道是把从正面进攻改为从侧面攀登，逐步接近猜想，在数学上叫做“弱型哥德巴赫问题”。证明时，C越小越好，特别当不小于6的偶数时，若证明了C=2就证明了猜想成立。这是一个更诱惑人的命题，于是人们开始冥思苦想，寻找C=2的另一条路子了。

1937年，苏联数论大师维诺格拉多夫应用英国人创造的“圆法”与他自己创造的“三角和法”，证明了猜想的推论：“充分大的奇数可以表示为三个素数之和”是正确的。由此推出每一个充分大的正整数都是四个素数之和。”换句话说：当正整数为充分大的偶数时，C≤4；当正整数为充分大的奇数时，C≤3。

1938年，我国著名数学家华罗庚证明了“几乎全体偶整数都能表示成两个素数之和”，也就是说，哥德巴赫猜想几乎对所有偶数都成立，被誉为“华氏定理”。

证明的喜讯不断传来以后，曾有人认为从维诺格拉多夫的“四个素数”到哥德巴赫猜想的“两个素数”只有两步之遥了，谁知这两步的腿迈出六十多年，还没有着地。

另辟蹊径冲刺“1+1”

人们从各个角度设法攻克哥德巴赫猜想，一些人从各种推论设法证明，另一些人寻找反例否定，还有一些人另辟蹊径，采用古老的“筛法”努力去攀登。

我们知道，任何一个偶数总可以表示成两个正整数的和，这两个正整数可能是素数，也可能不是素数。但我们可以把其中不是素数的正整数分解为素因子，并用代号简记为“1+1”、“1+2”、“2+3”等。“1+1”表示两个素数的和；“1+2”表示一个素数加上两个素因子的乘积。于是，哥德巴赫猜想就变成命题“1+1”，即充分大的偶数可以表示成两个素数的和。

数学家通常把这种逐步逼近猜想的方法叫做“因子哥德巴赫问题”或叫“殆素数之和”。向“1+1”进军的号角从1920年吹响了，世界各国一些数学家像奥林匹克运动会上的健儿，不断刷新着世界纪录。

1920年，挪威数学家布朗，用筛法证明了“每一个大偶数是两个素因子都不超过9个的素数之和”，即“9+9”；1924年，拉德马哈尔证明了“7+7”；1932年，爱斯斯尔曼证明了“6+6”；1938年，布赫斯塔勃证明了“5+5”，1946年又证明了“4+4”；1956年，维诺格拉多夫证明了“3+3”；1958年，我国数学家王元证明了“2+3”。

1948年，匈牙利数学家兰易用一种新的方法证明了“1+6”；1962年，我国数学家潘承洞证明了“1+5”，同年，王元、潘承洞又证明了“1+4”；1965年，布赫斯塔勃、维诺格拉多夫和数学家庞皮艾黎都证明了“1+3”；而最新的纪录是我国数学家陈景润证明的“1+2”。

移动群山的人

陈景润是福州市人，1950年考入厦门大学数学系，毕业后当了几年数学教师。1957年，经华罗庚推荐调到中国科学院数学研究所。在华罗庚教授等老一辈数学家的精心指导下，陈景润投入到数学研究中，取得了一个又一个令人瞩目的成果。

他在福州英华中学读高二的时候，从曾在清华大学教过书的沈元老师那里听到了哥德巴赫猜想扣人心弦的故事，从此暗下决心，长大后要去摘取这颗“皇冠上的明珠”。

1963年开始，他用自己的全部精力，向“1+1”的顶点冲击。他不分节假日，苦读寒窗夜，挑灯黎明前，殚精竭虑，探测精蕴，进行了大量的

手工运算，一心一意搞这道难题的研究，搞得他发呆了。有一次自己撞在树上，还问是谁撞了他。他为证明这道难题，付出了很高的代价，磨秃了一支又一支笔；演算草稿纸已经装满了几麻袋，然而，新的草稿纸又铺满了他的斗室；数字、符号、引理、公式、推理积在楼板上有 1 米厚。他的肺结核病加重了，喉头炎严重，咳嗽不停；腹胀、腹痛，难以忍受，有时已人事不知了，却还记挂着数字和符号。他在抽象的思维高原，缓慢地向陡峭的巉岩攀登；不管是善意的误会，还是无知的嘲讽，他都不屑一顾，未予理睬。他没有时间来分辩，宁可含垢忍辱。

苦心不负有心人，经过三年的苦心耕耘，终于在 1966 年 5 月，他写出了厚达 200 多页心织笔耕的长篇论文，以他羸弱的身躯、执著的追求，向全世界宣布他证明了“1 +2”，这一成功距“1 +1”只有一步距离。

陈景润领先世界的成果，轰动全世界。

英国数学家哈勃斯丹和德国数学家李希特合著《筛法》一书原有 10 章，付印后才见到陈景润“1 +2”的论文，立即要求暂不付印，特为之添写了第 11 章，章目为“陈氏定理”，并在序言中评价说：“这是一个相当好的成就”，是运用筛法的“光辉顶点”。一个英国数学家在给他的信里还说：“你移动了群山。”

二百六七十多年过去了，哥德巴赫猜想仍未得到最终的证明。数学家预言，这颗皇冠上璀璨的明珠在 21 世纪有望被人摘取。

微积分的创立

1870 年，马克思 52 岁寿辰时，朋友库格曼送给他两块当年莱布尼茨用过的壁毯。马克思非常喜欢，把它悬挂在自己的工作室里。马克思在那年 5 月 10 日给恩格斯的信里特意谈到这件事，并且写道：“我已把这两样东西挂在我的工作室里。你知道，我是佩服莱布尼茨的。”可见莱布尼茨是个了不起的人物。

的确，莱布尼茨是德国百科全书式的天才。他不仅是微积分的创始人之一，而且是数理逻辑、计算机理论及控制论的先驱。他既是一位大名鼎鼎的数学家，也是一位才华横溢的博学巨人。

莱布尼茨于1646年6月21日出生在德国东部的莱比锡城。他是哲学教授的儿子，然而这位教授父亲在他6岁那年就过早地离开了人世。如果说他的父亲对他后来成为伟大的科学家有影响，那也只能是说他父亲为他提供了饱览丰富藏书的条件。

莱布尼茨

莱布尼茨8岁时进入学校学习，幼年起学习运用多种语言表达思想，促进了他童年思维的超常发展。15岁时考入莱比锡大学，开始对数学产生兴趣。17岁时在耶拿大学学习了一段时间的数学，受到数学家特雷维和魏格尔的指导和影响。1666年，他转入纽伦堡的阿尔特道夫大学。这年他发表了第一篇数学论文《论组合的艺术》，显示了莱布尼茨的数学才华。这篇论文，正是近代数学分支——数理逻辑的先声，后来他成为数理逻辑的创始人。

大学毕业后，莱布尼茨获得法学博士学位，谢绝了教授职位的聘约，投身外交界。1672年3月莱布尼茨作为大使出访法国巴黎，为期四年。在那里深受法国少年早慧的数学家帕斯卡事迹的鼓舞，使他立下决心：钻研高等数学。他在巴黎结识了荷兰数学家惠更斯，并在惠更斯的指导下，利用业余时间钻研了笛卡尔、费尔马、帕斯卡等人的原著，为他后来步入数学王国的殿堂打下了重要的基础。

1673年，莱布尼茨在英国伦敦将1642年帕斯卡发明的简单计算器进行了改造，制成了能进行加、减、乘、除、开方的计算机，因此被选为英国伦敦皇家学会会员。1676年，他到汉诺威，在不伦瑞克公爵的王家图书馆任顾问兼馆长。他博览群书，涉猎百科，独立创立了微积分的基本概念与

算法，同英国牛顿并蒂双辉共同奠定了微积分学的基础。1693年，他发现了机械能（动能和位能）的能量守恒定律。到19世纪中叶，这条定律被推广到所有能的形式中。1700年，他被选为巴黎科学院院士。他说服了普鲁士国王弗里德里希一世建立柏林科学家协会，并出任第一任会长。这一协会即为皇家科学院，它可与伦敦的皇家学会和巴黎的皇家科学院相媲美。

莱布尼茨生逢的时代，正是欧洲科学技术飞速发展的时期。随着生产力的提高及社会各方面的迫切需要，经过各国科学家的努力与历史的积累，建立在函数与极限概念基础上的微积分理论应运而生。1665～1666年，牛顿在英国创立了微积分（流数术），1671年写成他的巨著《自然哲学之数学原理》，1671年写了论文《流数术和无穷级数法》，1687年出版了他的巨著。1673～1676年，莱布尼茨也独立地创立了微积分，1684年在《学术学报》上首先发表了微分法的论文“一种求极大极小和切线的新方法，它也适用于分式和无理量，以及这种新方法的奇妙类型的计算”。1686年，他又发表了最早的积分法的论文《潜在的几何与分析不可分和无限》，他把微积分称为“无穷小算法”。因此，在科学的发展道路上，由于微积分创立的优先权问题，曾发生过一场争论激烈的公案。

事情是这样的，1676年，牛顿在写给莱布尼茨的信中，宣布了他的二项式定理，提出了根据流的方程求流数的问题。但在交换的信件中，牛顿却隐瞒了确定极大值和极小值的方法以及做切线的方法等。而莱布尼茨在给牛顿的回信中写道，他也发现了一种同样的方法，并诉说了他的方法，这个方法与牛顿的方法几乎没有什么两样。二者的区别是：牛顿主要是在力学研究的基础上，运用几何方法研究微积分的；莱布尼茨主要是在研究曲线和切线的面积问题上，运用分析学方法引进微积分概念、得出运算法则。牛顿是在微积分的应用上更多地结合了运动学，造诣较莱布尼茨高一筹，但莱布尼茨的表达式采用的数学符号却又远远优于牛顿，既简洁又准确地揭示出微分、积分的实质，强有力地推进了高等数学的发展。

莱布尼茨在1675年以后，陆续创立的微积分符号有：dx表示微分，即为拉丁“differentia”的第一个字母，意思是“分细”；dy/dx表示导数；dnx表示n阶微分；∫ 表示积分，即为拉丁文“Summa”的第一个字母“s”的

拉长变形，意思是“求和”。他创立的这些符号，为数学语言的规范化和独立化起到了极为重要的推动作用，正像印度—阿拉伯数码促进了算术与代数发展一样，它推进了微积分学的发展。

然而，莱布尼茨却因微积分发现的优先权问题，蒙受了长期的冤屈。1699 年，瑞士数学家法蒂奥德迪利在寄给皇家学会的一篇文章中提出，莱布尼茨的思想获自牛顿。尽管这时牛顿参与争论，也给莱布尼茨的声誉带来了很大的影响。后来，牛津的实验物理学讲师，后来成为萨维尔天文学教授的凯尔，指控莱布尼茨是剽窃者。为此，莱布尼茨参与了这场争论，使英国人对他不满，直到 1716 年 11 月 14 日，莱布尼茨在汉诺威默默地离开人世的时候，朝廷竟不闻不问，教士们也借口说莱布尼茨是“无信仰者”而不予理睬。

在科学真理面前，莱布尼茨永远是强者。英国皇家学会为牛顿和莱布尼茨发现微积分的优先权问题专门成立了评判委员会，经过长时间的调查，在《通讯》上宣布牛顿的“流数术”和莱布尼茨的“无穷小算法”只是名词不同，实质是一回事，肯定了莱布尼茨的微积分也是独立发现的。

莱布尼茨的数学业绩，除了微积分，还涉及了高等数学的许多领域。

争论、诬陷没有使他减弱对科学真理的追求。1678 年前他就开始对线性方程组进行研究，1693 年他在给洛必达的信中提出三条相异直线：

$10+11x+12y=0$

$20+21x+22y=0$

$30+31x+32y=0$

共点的条件是：

$10\cdot21\cdot32+11\cdot22\cdot30+12\cdot20\cdot31=10\cdot22\cdot31+11\cdot20\cdot32+12\cdot21\cdot30$。

如用现代通用的符号即：

$a_1b_2c_3+a_2b_3c_1+a_3b_1c_2-a_1b_3c_2-a_2b_1c_3-a_3b_2c_1=0$

这正好是三阶行列式的展开式。它是西方数学史上行列式的最早起源。

此外，莱布尼茨还提出了使用“函数”一词，首次引进了“常量”、“变量”和“参变量”，确立了“坐标”、“纵坐标”的名称。他对变分法的建立及在微分方程、微分几何、某些特殊曲线（如悬链曲线）的研究上都作出了重大贡献。

数理统计学的诞生

当你漫步在森林公园或在水库边领略自然风光的时候，你是否知道森林中的树有多少棵，水库里到底有多少条鱼？这些都无法具体去数，具体去量。而当我们必须知道某一无法具体测量的事物的量时，就可以用一种可行的数学方法来计算，那就是数理统计。

从一个总体中抽取样本，将收集来的样本数据加以整理，并从中得出认识总体的结论，这是科学研究工作和日常生活中屡见不鲜的手段。数理统计是现代数学中一个非常活跃的分支，它在20世纪获得巨大的发展和迅速普及，被认为是数学史上值得提及的大事。然而它是如何产生的呢？

随着生物学发展而产生的数学方法

莱尔根据各个地层中的化石种类和现仍在海洋中生活的种类作出百分率，然后定出更新世、上新世、中新世、始新世的名称，并于1830～1833年出版了三卷《地质学原理》。这些地质学中的名称沿用至今，可是他使用的类似于现在数理统计的方法，却没有引起人们的重视。

生物学家达尔文关于进化论的工作主要是生物统计，他在乘坐“贝格尔”号军舰到美洲的旅途上带着莱尔的上述著作，二者看来不无关系。

从数学上对生物统计进行研究的第一人是英国统计学家皮尔逊。他曾在伦敦大学学院学习，然后去德国学物理，1881年在剑桥大学获得学士学位，1882年任伦敦大学应用数学力学教授。

1891年，他和剑桥大学的动物学家讨论达尔文自然选择理论，发现他们在区分物种时用的数据有“好”和“比较好”的说法。于是皮尔逊便开始潜心研究数据的分布理论，他借鉴前人的做法，并大胆创新，其研究成果见诸著作《机遇的法则》，其中提出了“概率”和“相关”的概念。接着又提出“标准差”、“正态曲线”、“平均变差”、“均方根误差”等一系列数理统计的基本术语。这些文章都发表在进化论的杂志上。

直至 1901 年，他创办了杂志《生物统计学》，使得数理统计有了自己的阵地。这可以说是数学在进入 20 世纪时最初的重大收获之一。

学科奠基者——费歇尔

数理统计作为一个进一步完善的数学学科的奠基者是英国人费歇尔。他 1909 年进入剑桥大学，攻读数学物理专业，三年后毕业。毕业后，他曾去投资办工厂，又到加拿大农场管过杂务，也当过中学教员。1919 年，他开始对生物统计学产生了浓厚的兴趣，而后参加罗萨姆斯泰德试验站的工作，并致力于数理统计在农业科学和遗传学中的应用研究。

年轻的费歇尔主要的研究工作是用数学将样本的分布给以严格的确定。在一般人看来枯燥乏味的数学，常能带给研究者极大的慰藉。费歇尔热衷于数理统计的研究工作，后来的理论研究成果有：数据信息的测量、压缩数据而不减少信息、对一个模型的参数估计等。

最使科学家称赞的工作则是试验设计，它将一切科学试验从某一个侧面“科学化”了，不知节省了多少人力和物力，提高了若干倍的工效。

费歇尔培养了一个学派，其中有专长纯数学的，有专长应用数学的。在 20 世纪 30 ~ 50 年代，费歇尔是统计学的中心人物。1959 年费歇尔退休后在澳大利亚度过了最后三年。

源自战争需要的统计思想

英国是数理统计的发源地和研究中心，但从第二次世界大战开始，美国也发展得很快。

在战争中，人们要研究飞机上某种投弹装置的效果。如果用数学分析的方法要得出连续向矩形阵地靶子投三颗炸弹的方程，不仅方程难列，计算也相当复杂，然而实际获得的结果又很少。如果使用若干统计数据，综合投弹的概率模型，就很容易得出许多重要的信息。因此，数学研究方法的改变伴随统计方法的运用而产生。美国在第二次世界大战中，就有三个统计研究组在投弹问题上进行了九项研究。

1943 年，被称为“30 年来最有威力的统计思想”——序贯分析出现

了。序贯分析是数理统计学科中最占优势的领域之一，它是由于军事上的需要而产生的。

1942年底，美国科学研究发展局首脑韦弗给哥伦比亚大学应用数学研究组一项任务，要求对在海军中服务的斯凯勒的一项简化公式作出评价。这项公式来自英国，用来求出敌机一次射击恰巧击中并引爆己机携带炸弹的概率。

哥伦比亚小组中的沃利斯和保尔森认为斯凯勒的公式不大好，提出了一个更简单的公式。斯凯勒认为这个公式虽好，但为了达到精密度需要很大的样本，而且需要实弹试验。这种好几千项的实弹试验实在太浪费了。

能不能设想出一条原则，当试验达到一定精密度时会自动停止，节约一些呢？

1943年春天，沃利斯仍然没有办法。于是他们请来了数理统计专家沃尔德帮助研究这一问题。

沃尔德第一天没有表态，他把自己关在屋子里苦思冥想，时而列表、时而计算、时而作图、时而做模拟试验，终于在第二天宣布他已经有办法了。这就是序贯分析法。

序贯分析的创始人沃尔德是罗马尼亚出生的犹太人，先后就读于克卢日大学和奥地利的维也纳大学。在那里门杰指导他学了一些统计学和经济学。1938年德寇侵战奥地利，沃尔德被送进集中营。不久，美国设法把他营救出来，并让他移居美国。

沃尔德用他以前学得的经济和统计学知识在大经济学家摩根斯顿那里工作。沃尔德以前是研究纯粹数学的，到美国才转搞统计。在第二次世界大战期间，他首创序贯分析法与决策函数理论，开创统计学的新局面。

1950年沃尔德因飞机失事不幸在印度遇难，当时只有48岁。他从事统计研究工作也只有12年。

序贯分析法在战后获得巨大发展。沃尔德的决策函数理论也赢得了广泛的赞誉。人们把他看作20世纪最杰出的统计学家之一。

引人注目的广泛应用

近几十年来，数理统计的广泛应用是非常引人注目的。在社会科学中，选举人对政府的意见调查、民意测验、经济价值的评估、产品销路的预测、犯罪案件的侦破等，都有数理统计的功劳。

在自然科学、军事科学、工农业生产、医疗卫生等领域，没有一个门类能离开数理统计。

具体地说，与人们生活有关的如某种食品营养价值高低的调查；通过用户对家用电器性能指标及使用情况的调查，得到全国某种家用电器的上榜品牌排名情况；一种药品对某种疾病的治疗效果的观察评价等都是利用数理统计方法来实现的。

飞机、舰艇、卫星、电脑及其他精密仪器的制造需要成千上万个零部件来完成，而这些零件的寿命长短、性能好坏均要用数理统计的方法进行检验才能获得。

在经济领域，从某种商品未来的销售情况预测到某个城市整个商业销售的预测，甚至整个国家国民经济状况预测及发展计划的制定都要用到数理统计知识。

数理统计用处之大不胜枚举。可以这么说，现代人的生活、科学的发展都离不开数理统计。从某种意义上来讲，数理统计在一个国家中的应用程度标志着这个国家的科学水平。

难怪在谈到数理统计的应用时，有人称赞它的用途像水银落地一样无孔不入，这恐怕并非言过其实。

几何改革出新路

几何，其严密的逻辑推理使人信服，其精巧的思维方法令人陶醉。它以其独特的魅力吸引着众多的数学爱好者。两千多年以来，一直统治几何学的传统证题方法，在当代计算机参与下受到了挑战，从而使几何证题又出现了一条新路。

机械证明的创立

利用机械进行运算的想法，最早可以追溯到中国古代数学。中国古算以

算法为中心，注重计算技术的提高，与古希腊及其延续的数学公理化和演绎推理的传统迥然不同。从实际问题出发，建立算法的机械化一直是古代中国数学研究的传统，也是中国数学家所努力的方向和孜孜以求的目标。成书于公元前1世纪的数学名著《九章算术》，是中国算法机械化的光辉典范。

《九章算术》中解决问题的方法，不是公理化的演绎法，而是按照一定的程序运算获得结果，算法化、程序化很强，即使求解几何问题也是如此。17世纪中叶，笛卡尔有过类似的思想，可惜他的设想未能实现。

近代的机器证明思想由莱布尼茨首先提出。他设想过数学领域的推理机器，并认识到这一计划的重要性。但是，莱布尼茨并没有能实际地去实现自己的计划。到了19世纪末，希尔伯特等创立并发展了数理逻辑，为定理证明机械化提供了一个强有力的工具，使这一设想有了明确的数学形式。

20世纪40年代，电子计算机的出现才使前人设想的实现有了现实可能性。到50年代，机器证明开始兴起为一个数学领域。人们试图把人证明定理的过程，通过一套符号体系加以形式化，变成一系列在计算机上自动实现的符号计算过程。数学家们首先从最古老而不太复杂的欧氏几何开刀。

我们知道，欧氏几何学中的许多性质、定理，通过观察图形或实验并不难了解，但要给出严格的证明，有时就非常困难。数学家和计算机专家瞄准这一崭新领域开始进军了。根据计算机高速运算能力和程序化过程，对几何命题的逻辑关系进行连接。1950年波兰数理逻辑学家塔斯基断言一切初等几何和初等代数范围内的命题，都可以用机械化方法判断其真伪，这使人们很受鼓舞。1956年，美国人纽厄尔、西蒙和肖乌等人通过研究证明定理的心理过程，建立了机器证明的启发式搜索法，编制了一个“逻辑理论机”程序，用计算机成功地证明了38条定理。这一年被看作历史上计算机证明以至于人工智能研究的开端。1959年，美国洛克菲勒大学数理逻辑学家王浩教授设计了一个用计算机证明定理的程序，计算机只用了9分钟，就证明了350多条并不简单的定理。

1975年以后，数学家创立新理论，开创新方法，开始了计算机证明世界数学难题。1976年6月，美国数学家阿佩尔和哈肯等人用高速计算机工作了1200小时，向全世界宣布证明了困扰数学界百余年的“四色猜想”难题，轰动世界，震撼全球，从中初步摸索了一些规律和途径。

中国人的骄傲

1976年，中国科学院院士、中国科学院系统科学研究所研究员吴文俊教授，已经在拓扑学、几何学、数学史方面作出了卓越成就以后，开始了从事数学机械化尖端科学的研究。他发现《九章算术》的许多数学题都可以编成程序用计算机解答。在此基础上，他分析了法国数学家笛卡尔的数学思想，又深入探讨希尔伯特《几何基础》一书隐藏的构造性思想，开拓了机械化数学的崭新领域。

他的思路是把几何问题转变为代数问题，再按程序消去约束元或降低约束元的次数，使问题得到解决。

按照这一思路，他编写了一种新程序，然后在一台档次很低的计算机上，几秒钟就证明了像西孟孙线那样不简单的定理，并陆续证明了100多条几何定理。他的算法被誉为"吴氏方法"。数学家周咸青应用吴氏方法也证明了600多条定理。这一新方法引起了科学界的高度关注。1978年初，吴文俊又把他的方法推广到高深数学分支——微分几何定理机械化的证明，走出完全是中国人自己开拓的新数学道路。

在几何定理机械证明取得重大成功之后，20世纪到80年代，吴教授把研究重点转移到数学机械化的核心问题——方程求解上来，又取得了重大成功。这时，他不仅建立数学机械化证明的基础，而且扩张成广泛的数学机械化纲领，解决一系列理论及实际问题。他把机器定理证明的范围推广到非欧几何、仿射几何、圆几何、线几何、球几何等领域，他的成果在国际上产生了很大反响。

消点法震惊了世界

数学命题种类繁多，不可能所有的数学命题都能一下子得到解决，于是有不少科学家研究更新的证明方法。

1991年，中国科学院成都计算机应用研究所研究员张景中及杨路等人发明了"L类几何定理证明器"，它可以在一台简单的电脑上判断命题的正

误，也是用代数方法进行论证的。这些方法还不尽如人意，计算机只能判断命题的真假，并且计算过程很复杂，人们难以检验其是否正确。1992 年 5 月，张景中、周咸青和周小山在面积方法的基础上发明了“消点法”，编成了世界上第一个“几何定理可读证明的自动生成”软件。“消点法”把证明与作图联系起来，把几何推理与代数演算联系起来，使几何解题的逻辑性更强了。运用这一方法在微机上可以证明很多几何定理，并通过屏幕显示出证明的过程。这在当时是世界上最新、最好的几何定理证明软件。他们在电脑上证明了 600 多条较难的平面几何与立体几何定理。专家认为，这种证明方法，大多数是简捷而易理解的，甚至比数学家给的证明还要简短、实用。

“消点法”震惊了世界，它使机械证明定理上了一个新台阶。但是，“消点法”还不是证明几何题的通法，它主要是解决与面积有关的一些命题，而像几何作图、几何不等式、添加辅助线等问题尚未取得令人满意的成果。因此，“消点法”还不是机器证明几何定理的终点，这一问题有待于进一步探讨。

用电脑证明几何题，使几何学改变了从古希腊到现在一直沿用逻辑推证的传统方法，把逻辑思维才能获得定性化结论的问题，转化成通过计算能解决的定量化问题。由于实现了程序化、机械化，从而降低了几何学的难度。这不仅使几何学在电子信息社会获得新发展有了可能，而且有利于解决几何与其他数学难题，将会使几何学对人类社会发展的贡献越来越大。

物 理 篇

“物理”一词的最先出自希腊文 φυσικ，原意是指自然。古时欧洲人称物理学为“自然哲学”。从最广泛的意义上来说，即研究大自然现象及规律的学问。汉语、日语中“物理”一词起自于明末清初科学家方以智的百科全书式著作《物理小识》。

阿基米德浮体原理

公元前287年，阿基米德出生于古希腊西西里岛东南端的叙拉古城。当时古希腊的辉煌文化已经逐渐衰退，经济、文化中心逐渐转移到埃及的亚历山大城；但是另一方面，意大利半岛上新兴的罗马帝国，也正不断地扩张势力；北非也有新的国家迦太基兴起。阿基米德就是生长在这种新旧势力交替的时代，而叙拉古城也就成为许多势力的角力场所。

阿基米德的父亲是天文学家和数学家，所以受家庭影响，他从小就十分喜爱数学。大概在他9岁时，父亲送他到埃及的亚历山大城念书，亚历山大城是当时世界的知识、文化中心，学者云集，举凡文学、数学、天文学、医学的研究都很发达。阿基米德在这里跟随许多著名的数学家学习，包括有名的几何学大师欧几里得，奠定了他日后从事科学研究的基础。在他众多的发现当中，阿基米德原理是最为重要的发现。这还要从下面的故事讲起……

国王请金匠打造了一顶纯金王冠，做好了以后，国王怀疑金匠不老实，

可能造假掺了“银”在里面，但是又不能把王冠毁坏来鉴定。怎样才能检验王冠是不是纯金的呢？于是国王把这个伤脑筋的问题交给了阿基米德。可是阿基米德想了好久，一直没有好方法。

有一天，他在洗澡的时候发现，当他坐进浴盆里时有许多水溢出来，这使得他想到了：

“溢出来的水的体积正好应该等于他身体的体积，所以只要拿与王冠等重量的金子，放到水里，测出它的体积，看看它的体积是否与王冠的体积相同。如果王冠体积更大，这就表示其中造了假，掺了银。”

阿基米德想到这里，不禁高兴地从浴盆跳了出来，光着身体就跑了出去，还边跑边喊“尤里卡！”尤里卡！（我发现了）”。

果然经过证明之后，王冠中确实含有其他杂质，阿基米德成功地揭穿了金匠的诡计，国王对他当然是更加地信服了。但实际上，因为王冠至少有头那么大，所用的容器也必然比王冠大，而金匠掺银的前提是不会使王冠颜色发生显著改变，所以也不会掺太多银，王冠比金块多出的体积也不会太多，所以即使王冠比金块多出的体积使水面上升，也不会十分显著，以阿基米德时代的测量技术，很难比较出王冠与金块的体积差异，即使有差异，也不能排除是实验中误差所致，一个更可能的方案是：阿基米德把王冠与金块放在天平两头，将天平置于有水的浴缸中，哪端更轻，则哪段体积更大。最终发现王冠体积更大。

后来阿基米德将这个发现进一步总结出浮力理论，并写在他的《浮体论》著作里，也就是：物体在流体中所受的浮力，等于物体所排开的流体的重量。阿基米德为流体静力学建立了基本的原理。而这一原理也被称为阿基米德浮体原理（或直接称为阿基米德原理）。

“磁力”的发现

1601 年的一天，英国伦敦女王卧室里的帷幔掀开了，从里面走出了一个年过 50 的中年男子。他头戴黑色高帽，身穿黑色服装，系着黑色披肩。在一个小桌前面他停住了脚步，往自己的背包里放了点东西，然后对紧随其后从帷幔里走出来的女王说道：

“陛下圣体已见康复，愿主永赐大英女王健康！”

他说完，躬身行了个宫礼，女王挥了挥手，他又行了个宫礼后便走了出去。

看这个人的穿着打扮很像当时的医生。是的，他正是英国伊丽莎白女王一世的私人医生——英国物理学家威廉·吉尔伯特。

吉尔伯特于1544年5月24日出生于英国科尔切斯特城。他父亲是首席法官和市议会的议员。由于家庭条件较优越，使他的学习生活比较顺利。

吉尔伯特在故乡读完了中学后，1558年5月入剑桥的约翰专科学校学习，相继获得了科学学士、艺术硕士学衔，1569年又取得医学博士学位。同时他被接纳为剑桥科学协会的会员。

吉尔伯特

不久，他动身去欧洲大陆旅行，在欧洲获得物理学博士称号。

无论是在旅途中，还是在英国本土，吉尔伯特始终致力于医学实践，并取得了巨大的成就，赢得了较高的声望。1573年，他被选为英国皇家学会会员，并担负了许多要职，1600年当选为该学会会长。由于他医学成就卓著、名传四海，1601年被任命为伊丽莎白女王一世的私人医生。

吉尔伯特离开女王伊丽莎白后，伊丽莎白独自一人，沉思不语。她对自己的医生很满意。女王心想：“他的确医术很高明，果真是名不虚传。用他做私人医生真是再好不过的人选了！”然而女王觉查到，医生并不满意自己身处宫廷的生活。的确，吉尔伯特没有白花年俸100镑的薪水，他工作认真尽职，但却从不参加上流社会的活动。由于某种原因他总是躲避交际场

合，他的大部分时间都是在他的住宅里度过的，那是宫廷拨给他作为女王私人医生的专用宅邸。特别是当她听到，有人说吉尔伯特在他的宅邸里进行某种神秘的试验，更使女王疑惑不解。女性的好奇与女王的尊严在伊丽莎白的内心深处斗争着、矛盾着，于是她坐立不安。假如派人监视，看他如何度过空闲时间，结果将会怎样呢？她知道，这样做不太好，还是自己亲行为佳。

于是，她击了一掌，吩咐走进来的宫女："请赛斯尔勋爵立刻前来见我。"

宫女行完礼走了出去。赛斯尔·威廉·伯利勋爵似乎早就在门外恭候，立刻走了进来。他是国务秘书，也是女王信赖的顾问。

"早安，陛下。"赛斯尔行礼问候。他很关心女王的健康，当他听说最近几天来一直折磨着伊丽莎白的背痛已经好了之后，顿时表现出安稳的神态。

"是的，我的好吉尔伯特治好了我的病。"伊丽莎白说道，"但是，身为英国女王，我一定要注意本国的臣民，拯救他们的灵魂，关心他们的生活与敬神方式。"她的声音里突然间出现了一种庄严的语调。

赛斯尔勋爵听罢疑惑不解，感到心神不安，刚想问女王有什么旨意，可是话音还没有吐出唇外，伊丽莎白又说道："您去通知吉尔伯特大夫，今天下午，我想让他给我看看他在家里都干些什么。告诉他，我亲自去看他。"

"陛下，我担心……"赛斯尔勋爵本想加以劝阻，但是，女王的决心已经下定了。

"去吧！"她简单地命令道，"不要忘了，今天下午您陪我去。"

不错，吉尔伯特在家里确实做着神秘的实验。

吉尔伯特除医学实践之外，他还积极地进行自然科学研究。在电学与磁学现象的独创研究上取得了巨大的成就。他发现并仔细地描述了用天然磁石（磁铁矿石）摩擦铁棒，使铁棒磁化的方法。他又发现被磁化的金属丝处在向地球磁极方向偏转的位置上，如果铁在磁化之前经过锻造，这个效果就更强了。

他是一个出色的铁匠，而且还掌握了不少其他手工艺。这些条件使他能在崭新的实验基础上来研究磁力现象。例如，他发现铁在被烧得通红的情况下，其磁性就消失了。

吉尔伯特善于继承和发展前人的实验工作，经过自己实验得到了大量磁力现象，建立了重要的理论体系。他曾按照马里古特的方法，制成球状磁石，并在其上划出子午线，同时证明了表面不规则的磁石其磁子午线也是不规则的。他还证明了诺曼发现的磁倾角的存在。马里古特是13世纪的物理学家，他曾对磁石进行过大量的实验，后来诺曼在1581年出版的《新奇的吸引力》一书也记叙了他的大量有关磁现象的实验。诺曼曾发明过罗盘，发现过磁倾角，实验测定过磁力不具有重量，还得出过磁力只是一种定向力而不是运动力的结论。

他研究过地球磁场。为了进行这项研究，他使用了特殊的、自制的指南针，并得出了结论，认为地球本身就是一个大磁体，其磁极就在地极附近。

应该指出的是，吉尔伯特认为最强的磁体是罕见的、珍贵的天然磁铁，这一点是他在磁学研究中的宝贵贡献。他从事过各种电效应的研究，并发现不仅是琥珀，而且还有许多其他东西都可以摩擦生电。吉尔伯特在广泛的实验工作和理论研究的基础上，结出了丰硕的成果——《论磁体》。该著作共6卷，于1600年出版。它为电磁学的产生和发展奠定了重要基础，因而吉尔伯特被后人誉为“磁学之父”。

前面谈过，女王已派人到吉尔伯特宅邸送了圣旨：“下午女王要来亲临视察。”上午9时半吉尔伯特接到圣旨。

吉尔伯特如同往常一样，又到“赫姆普希尔双头羊”酒馆里同朋友们坐在一起，吃酒、用饭、畅谈科学中的许多问题。

吃过午饭，这群人坐在一起开始聊了起来。他们对吉尔伯特的实验都很关心。吉尔伯特是个快乐而真诚的人，他有许多朋友，其中有些人在当时颇有名气。其中有一位正与其他人亲切谈话的就是知名的航海家和旅行家弗朗西斯·德雷克，另一位就是托马斯·卡文迪什。

从前，在吉尔伯特家里经常举行这样的聚会，然而自他担任女王的私

人医生以后，他不得不搬进宅邸，他们只能偶尔在某个小酒馆里聚会一下。

吉尔伯特击掌请大家安静。

“我的朋友们，”他半庄重半戏谑地说道，“最后，我向你们讲一讲关于我所得到的最大荣耀。”

朋友们你一句，我一句，顿时响起了喧哗的声音，其中一位笑着问道：“什么荣耀，你的为人已是十分令人敬佩了。”

大家哄堂大笑。

吉尔伯特做了个让大家安静下来的手势。

“今天我接到了通知，午饭后大英女王要亲临视察，观看我的试验室。”

于是，震耳的喧笑声重新又传了出来。

“仁慈的女王伊丽莎白万岁!”

“这可要庆祝一番!”有人喊了起来，“哎，老板，请再把酒拿来!”

这天下午，吉尔伯特的实验室里，不像往常那样寂静和凄凉，一些最显贵的人物都聚集在这里。伊丽莎白女王在桌旁上座就坐，宫女们和贵族随员们簇拥在她身后。与吉尔伯特站在一起的是赛斯尔勋爵，为使视察进行得顺利，他负责安排好一切。

“这是磁体和琥珀。”吉尔伯特转身对女王说，“它们之所以享有盛名和光荣，是因为许多学者提过它们的名字。借助于它们，有些哲学家解释了各种秘密。好学不倦的神学家们在解释人类感情里的宗教秘密时，同样也常常依赖于磁体和琥珀。”

伊丽莎白女王是个非常笃信上帝的人，不高兴吉尔伯特过于大胆地涉及这个题目。因此，当吉尔伯特提到神学家时，她的脸色顿时发生了变化。

可是吉尔伯特并没有看到这一情景，继续说道：

“而以伽林为首的医生们，就曾用磁体来解释过泻药的作用。但是，他们并不了解磁力现象的原因和所观察到的琥珀现象有根本的区别，而把这两种现象称为引力。他们虽然将这些现象进行了比较，但他们却始终迷惑不解。这就使他们进而再犯错误。”

吉尔伯特拿起一块琥珀，接着说下去。

“琥珀在希腊语里是埃列克特伦，经过毛皮的擦拭，它就开始吸引细小的草枝和干果皮”。

说罢，他立即将刚才所说的现象向来宾做了表演。

“我发现不仅琥珀有这种特性，许多宝石、硫磺、玻璃，甚至火漆也都具有这种特性”。

吉尔伯特拿起一根玻璃棒，将它擦了几下，于是干草枝和果皮屑都顺从地从桌子上蹦到了玻璃棒上。

来宾看到这奇异的现象，不由得鼓起掌来。显然，他们都在期待看别的奇迹！只有女王对此试验的兴趣不大，指着桌子上的手稿，要求吉尔伯特念给她听。

“德玛格耐特，玛格耐提西斯克……”吉尔伯特开始读起来，但女王打断了他的话。

“得了吧，亲爱的吉尔伯特！拉丁语并不使我感到悦耳，你最好还是用我们古老的、中听的英语给我讲讲吧。”

当吉尔伯特接下来讲述他的实验时，女王则回忆起了往事……

在议院首次会议之前，她曾颁布过指令，要求在祈祷仪式中只能讲英语以代替拉丁语。同时，她还带领臣民们用英语祈祷。她制定了新教教会的教规，而她本人则是新教的首领。

是的，正是因为这个原因，在吉尔伯特解释他的试验的时候，来宾们都兴奋异常，而女王却默不作声。

吉尔伯特结束了演讲后，躬身行礼。来宾们都纷纷准备退席。可女王伊丽莎白却在椅子上一动不动地又坐了好一会儿。

“您知道吧，亲爱的吉尔伯特！”她沉思着说道，“您这本书如果是用拉丁文来写，那反倒更好。我觉得没有必要让更多的人来了解这一切事情……”

当然，吉尔伯特通过实验驳斥了许多迷信的说法，动摇了神权的统治，女王不会赞同的。可是，由于他医学水平较高，女王也只好对他的创举默然不语。

吉尔伯特终生独身，但是他与科学却结成终身伴侣。他除了研究医学、化学和磁学以外，还研究了天文学，并置身于第一批以新的、革命的观点

来宣传地球和天体运动的英国科学家之列。他在宇宙结构的问题上，详尽阐述了大胆的见解，他接受了哥白尼的观点，是英国教会认为第一个接受哥白尼观点的“异端分子”。他认为，星球与地球之间的距离在不断的变化中。假如在吉尔伯特时代的2000年以前，毕达哥拉斯虚构的天球最终被证明是不存在的话，那么，首先推测出什么力量使行星保持在它们的轨道上的是吉尔伯特。他认为使行星保持在其轨道上的力量是一种磁性引力。

1603年3月，伊丽莎白女王一世死后，吉尔伯特又成为詹姆斯一世的私人医生，可是为时不久，9个月后，即1603年12月10日，这位学者在科尔切斯特城因染鼠疫而暴卒。

吉尔伯特在临终之时，将自己的私人图书馆、地球仪、仪器和矿石标本全部遗赠给皇家医学学会的一所医科大学，遗憾的是后来在一场大火中，这些遗产全被烧毁。

“场”的提出

“场”这个概念在今天已经被大家所熟悉。电场、磁场、引力场……有物质存在就有场，场是同实物不同的另一种物质，可以相互转化。然而，场是怎样发现的呢？

19世纪中叶以前，电力、磁力和引力都被认为是超距作用：两物质之间没有传递物，不需要时间作用就可以完成。牛顿等科学家都不能解释和说明超距作用。他们曾设想过一种叫做“以太”的介质，但“以太”也让人捉摸不定，说不清楚。法拉第从实验观测中对超距作用持怀疑态度，认为电力和磁力不能凭空传递。但介质到底是什么样子呢？

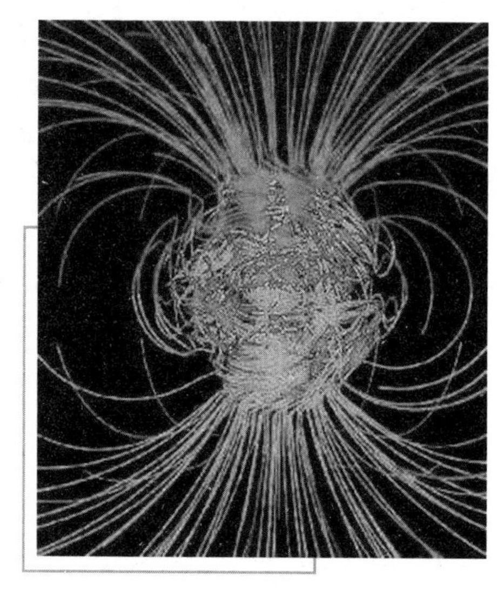

磁　场

1845年，法拉第把一块玻璃放在电磁铁的两极之间，用一束偏振光沿着磁力作用的方向透过玻璃，发现光线振动面偏转，并且偏转角度同磁力强度正相关，这叫磁致旋光效应。

法拉第换用一根玻璃棒放在磁铁两极间做相同实验时，却发现玻璃棒停在同磁力垂直的方向，不能进入磁极间，表现出对磁力的反抗作用。他又进一步用铜棒、木块，甚至面包和牛排等进行实验，也都表现出抗磁性。磁致旋光效应和反磁体的发现，使法拉第心中渴望已久的击破超距作用观念的证据出现了。这就是“磁力线”。

为了从实验中证明磁力线概念，法拉第把铁粉撒在磁铁周围，铁粉立刻呈现有规则的曲线排列，从一个磁极到另一个磁极，连续不断。磁力线被直观地证明了。磁力线越密的地方，磁的强度也越大。电感应的大小是由导线截割磁力线数目的多少决定的。法拉第进一步把布满磁力线的空间称做磁场，磁力通过磁场传递，由此开始了场物理学的历史。这一事实又一次证明了实验对推动理论发展的重要意义。

马德堡半球实验

1654年的一天，天空晴朗，万里无云。德国马德堡市的中心广场显得格外引人瞩目。人们议论纷纷，奔走相告，熙熙攘攘的人群涌向中心广场。原来这里正要进行一个有趣的实验，即“马拉铜球”实验。在场的观众数不胜数，不仅有知名的贵族、热心科学研究的学者、平民百姓，而且国王也亲临现场。在他们当中，既有支持实验、希望实验取得成功的人；也有怀疑和反对实验的人。议论、争论、吵吵嚷嚷，这个露天实验场上显得十分热闹。在广场的中央位置站着一位中年男子，正在向观众宣讲：“大气压力是普遍存在的，自然害怕真空，是谬论……”他就是著名的德国物理学家、马德堡市市长奥托·格里克。

实验开始了，格里克和他的助手先在两个精心制作的直径为14英寸(35.7厘米)的半球壳中间垫上橡皮圈，再把两个半球灌满了水合在一起，然后把水全部抽出使球内形成真空，再把气嘴上的龙头拧死，这时周围的

马德堡半球实验

大气把两个半球紧紧地压在一起。

一系列工作做完后，格里克一挥手，4 名马夫牵来 8 匹高头大马，在球的两边各拴上 4 匹。然后，格里克一声令下，4 名马夫用皮鞭猛抽两边的马。无奈马的力量太小，两个半球仍然紧紧地合拢在一起。这时在场的观众无不感到惊奇，广场上肃静起来，一双双带有疑惑的眼睛都注视在这 8 匹马拉这 2 个半球上来。格里克见到 8 匹马没有拉开合拢在一起的 2 个半球，又命令马夫牵来 8 匹高头大马，一边增加 4 匹马。这样，在 16 匹马的猛拉下，2 个半球才勉强被拉开。在两半球分开的一刹那，外面的空气以巨大的力量、极快的速度冲进球内，实验场上发出了震耳的巨响。

在场的人们无不为这科学的力量而惊叹。在大家为市长的实验成功而欢呼时，格里克当众对实验做了解释：大气的压力是普遍存在的，人们之所以感觉不到它的存在，是作用在人体上的大气压力相互抵消的缘故，两个半球不易被马拉开，是因为球内的空气抽出以后，球里就没有空气的压力了，而球外两面的大气压就像两只大手，把两半球紧紧地压在一起。这个压力是相当大的。最后，市长高声说道：“请大家相信吧，大气压力是普遍存在的！”

格里克的马德堡半球实验，是物理学史上的一次著名的实验，它为人们确信大气压力的存在，作出了杰出的贡献，推动了物理学的发展。

这位市长能够成功地完成这重大实验，决不是一时心血来潮，是他长期钻研科学的结果。格里克1602年11月20日生于德国的马德堡市。他从小就喜欢看书，读书的范围也很广泛。他看书有个特点，凡是看到比较重要的地方，就停下来合上书本，想一想，然后再继续看下去，这使他养成了独立思考问题的习惯。他很注重实践，从不迷信书本。他对伽利略的注重实验、尊重事实的科学态度十分赞赏，并自觉地把它作为自己从事科学研究的楷模。

中学毕业后，格里克先在莱比锡大学学习。1621年，他转到耶拿大学攻读法律。1623年，他到莱顿大学学习数学和力学。他博览群书，知识广博，对天文学、物理学、数学、法律学、哲学和工程学等多种学科都有较深的造诣。

1631年，他参军后，在军队中担任军械工程师，工作很出色。离开军队后，他开始投身政界。1646年，他被市民选举为马德堡市市长。不管在军队还是在政界，他都没有停止对科学的探索。

这一时期，抽水机已在工农业生产上得到了广泛的应用。但当时还不知道为什么抽水机只能把水升到大约10米的高度，再深一点它就无能为力了。由于采矿业发展较快，人们急需把较深矿坑中的水抽上来，于是矿主纷纷聘请最好的技师来改进抽水机。但不管技师多么高明，抽水机也始终不能把超过10米深的矿坑中的水抽到地面上来。

为此许多技师都曾集中精力苦心研究设法解决这一难题，但他们大都把注意力集中在改进抽水机装置上，力求在技术上有所突破。经过长时间的努力，问题还没有解决。当他们已到了山穷水尽的地步时，不得不向当时最著名的大物理学家伽利略请教。遗憾的是，这时伽利略已经年迈，双目已经失明，还受着宗教势力的迫害，他已不能深入地研究这一问题。1642年，惨遭罗马教皇迫害的伽利略饮恨身亡后，在科学同神学斗争面前，伽利略的学生托里拆利挺身而出，开始着手研究这个问题，坚决地对宗教神学进行了挑战。

托里拆利在研究这个问题时，用玻璃管代替不透明的金属圆管；用水银代替水做了许多实验。他发现，水银在玻璃管内上升的高度仅是水上升高度的1/14左右，而玻璃管内水银的上方就是真空。1643年，托里拆利通

过实验终于解决了这一难题。抽水机只能把水吸到大约 10 米的高度而不能再升高的根本原因，是普遍存在着的大气压力。

托里拆利虽然发现了存在着大气压力，但由于 2000 多年来，亚里士多德“自然害怕真空”的谬论在当时的科学技术界影响很大，因而许多人都不肯相信大气压的存在。这样，“大气压力是否存在?”在当时引起了激烈的争论。有的人认为有，有的人认为没有。针锋相对，互不相让，由于争论的双方都没有充分的证据，因而谁也不肯相信对方。

科学的新发现在其诞生之时就是这样争论不休，哥白尼的“日心说”，如果没有后人的一些科学发现去证明，神幻的“地心说”就不会破灭，科学就很难从神学中解放出来。因此说，托里拆利发现大气压力为科学的发展树起了一块丰碑，同样格里克证明了大气压力的普遍存在，在科学的发展中也起到了极为重要的作用。

格里克认真地研究了托里拆利的实验，确信大气压力是普遍存在的。在做马德堡半球实验之前，他曾做过一些有关的实验。例如：他曾将密封好的木桶中的空气抽走，结果木桶被大气“炸”碎（实际是压碎）。后来，他用薄铜片做了一个球壳，也将其中的空气抽走，结果这个薄球壳同样被大气压扁了。这些实验为马德堡半球实验做了准备，使他对实验的成功充满了信心。

为了消除人们对“大气压力普遍存在”的怀疑，作为马德堡市市长的格里克经过精心设计，私人破费 4000 英镑，在马德堡市进行了这次著名的“马拉铜球”实验，以令人信服的实验证明了大气压力的存在。这个实验由于是在马德堡市进行的，所以被称为“马德堡半球实验”。

此外，格里克在物理学的其他领域也取得了许多杰出的成就。例如，在 1650 年，他发明了空气泵，成功地产生了部分真空。他还从实验中得出光能通过真空而声音不能通过真空的结论。

格里克在任马德堡市市长和勃兰登堡地方官期间，很重视科学研究工作。他除身体力行，自己积极从事科研外，还大力支持和资助其他人从事这方面的工作，大大地推动了这两个地区的科学事业。作为一位市长，能在科学上取得如此辉煌的成就，确实是难能可贵的。

1686 年 5 月，格里克在汉堡去世。但是，他的科学实验却永远在马德堡，在勃兰登堡，在德国，在全世界被传为佳话。他对科学的贡献将永远载入科学史册。

自由落体定律的发现

人类认识自然规律必须经过反复观察、实验和理性思维，只有把观察到的实验事实和理性思维相结合，才能透过自然现象的表面，达到对本质的真正把握。自由落体运动定律的发现就充分说明了这一点。

亚里士多德的权威

亚里士多德是古希腊一位伟大的思想家、哲学家和科学家，他对物体下落运动的规律曾经提出一种独特的学说。

重物坠地、烟气升腾是日常生活中司空见惯的自然现象，亚里士多德从表面现象的观察出发，认为重物竖直下落和轻物竖直上升的运动都是自然运动。那么，为什么会发生这种运动呢？亚里士多德认为：重物的天然位置在地心，轻物的天然位置在天空，所有的物体都有向着天然位置运动的倾向，所以，重物下坠，烟气升腾。亚里士多德根据他的这个理论指出，物体越重，下坠的倾向越大，下落得也就越快；物体越轻，下坠的倾向性越小，下落得也就越慢。物体下落的快慢和它的重量成正比。

显然，亚里士多德的这个论断是不正确的。然而在古代，由于亚里士多德的巨大声望，大家都把他看作是绝对权威，谁也不敢怀疑亚里士多德的话是错误的。所以在将近两千年的漫长岁月里，人们一直把亚里士多德的论断当作真理。直至16世纪，这个论断才被意大利物理学家伽利略推翻，这才有了比萨斜塔实验的故事。

比萨斜塔的落体实验

比萨斜塔是举世闻名的奇观之一，它坐落于意大利比萨城大教堂前面的广场上，塔高约55米，为八层罗马式建筑，全部用白色大理石砌成，外部还饰以美丽的彩色大理石。比萨斜塔从1174年建造开始一直在不断倾斜，

至今斜塔的塔顶已超出基边线5.3米左右。伽利略做落体实验时就把比萨斜塔选作理想的实验场地。

据说1590年的一天，26岁的伽利略来到比萨斜塔的七层阳台上，将一个约4.5千克重的石块和约0.45千克重的小石块同时放下，结果两石块同时落地。

在场的数以百计的学者和观众，亲眼目睹了这一精彩的场面，伽利略用活生生的事实向人们展示了轻重相差悬殊的两个物体同时落地的现象，从而推翻了亚里士多德的错误理论，发现了物体下落的真正运动规律——自由落体定律。这个故事是伽利略的学生维维安尼在《伽利略传》中首先讲到的，它流传十分广泛，今天几乎是人人皆知的了。

现在的科学史研究表明，伽利略实际上没有在比萨斜塔做落体实验。无论是当时的文献资料记录，还是伽利略的著作，在任何地方都没有这个实验的记载。况且在伽利略时代，连一般的计时钟都没有，更谈不上有准确的计时装置，这个实验当时根本就没有办法做出来，从所有的证据材料考察，这仅仅是一个传说而已。伽利略虽然没有在比萨斜塔做实验。但是，他发现了自由落体定律的确是千真万确的事实。

自由落体定律的发现

既然比萨斜塔落体实验只是一个美丽的传说。那么，伽利略又是怎样发现自由落体定律的呢？原来，伽利略是利用斜面实验，并把实验和科学思维相结合，通过严密的数学推理才完成这一发现的。

伽利略首先运用理想实验的方式进行逻辑推理，从推理中发现物体下落的快慢和它的重量无关。伽利略设想，如果亚里士多德的观点是正确的，那么，让轻重不同的两个物体下落时，重的物体下落快，轻的物体下落慢。可是，把它们绑在一起让其下落会出现什么情形呢？按照亚里士多德的观点，绑在一起后的物体会比原来重的物体更重，所以它们就比重的物体下落得更快。可是，从另一方面分析，绑在一起后，由于重的物体要带动轻的物体运动，它们应该比重的物体下降得慢一些。这显然是两个互相矛盾的结论。无论如何，绑在一起的两个物体只能以一个速度下落，而推理的

过程又是完全正确的，因此推理的前提必然是错误的。伽利略由这个推理得出结论：物体下落的快慢与重量无关，所有物体下落快慢都是相同的。

伽利略的论断后来得到了实验证实。当抽气机发明之后，人们就用一根长玻璃管，在管中装入羽毛和铅块，将玻璃管密封，抽出其中的空气，使内部形成真空。此时如果让羽毛和铅块在管中下落，就会看到它们下落的快慢是相同的。

伽利略并不满足于得到的定性结论，他又继续研究物体下落运动的定量规律，探索下落距离和所用时间的关系。前面已说过，伽利略那个时代还没有计时的钟，那么伽利略是怎样测量时间的呢？

为了测量时间，伽利略在一个大的盛水桶底部钻一个小孔，并安上龙头，在龙头下面放上接水容器。打开龙头水就会流入接水容器，称量容器中所接水的质量就可以确定经历的时间。

物体下落时运动很快，经历时间也极短。用伽利略的计时装置对落体运动进行精确研究是办不到的。怎么办呢？伽利略又想出了一个“冲淡重力”的方法。他仔细观察小球在斜面上的运动时发现，斜面越陡，小球运动得越快。伽利略想，如果斜面是垂直的，那么，它的运动就是小球的下落运动。因此，小球下落运动可以看作是小球斜面运动的一种特殊情况。因此用斜面做实验就可以研究物体下落的规律。做斜面实验时，斜面的倾斜度可以任意调节，调节到较小的倾斜度时，小球在斜面上运动就比较缓慢，此时用他的计时装置就可以进行较为精确的研究。伽利略反复进行斜面实验，测量出小球在斜面上运动的距离和所用的时间，通过推导距离、时间、速率和加速度之间的关系，伽利略得到小球沿斜面滚下或自由下落的运动都是匀加速运动的结论，又进一步发现了物体下落运动的规律——自由落体定律，即物体从静止状态开始下落运动，物体运动的距离同下落的时间的平方成正比。

自由落体定律的发现是伽利略把科学实验和理性思维相结合解决物理学问题的典范。它不仅发现了物体下落运动的客观规律，而且为人类认识自然找到了一条正确的途径和方法。因此，现在人们称伽利略为物理学之父。正是由于伽利略创立的科学方法，物理学研究才走上正确的道路。

万有引力定律的发现

伊萨克·牛顿是英国物理学家、数学家、天文学家。他由于在科学上的发明创造重大，对人类和科学的贡献卓著，而闻名于世。这位伟大的科学家和发明家，总结了力学三大定律，证明了万有引力，发明了三棱镜和反射望远镜，创立了微分学，攻破了颜色之谜……

牛顿为什么会有这么多的发现和发明呢?

也许有人认为完全是因为他天资聪明、才能出众。事实上，这种看法就连牛顿本人也不会同意的。他说："我只是对一件事情很长时间、很热心地去考虑罢了!"勤奋地学习，废寝忘食地工作，专心致志地长时间思考，是他成功的主要原因。

要想了解牛顿的生活全貌和他的重大发明，故事就要从头说起。

牛　顿

1642 年圣诞节（12 月 25 日）的早晨，在英国北部的一个偏僻的农村——伍耳索浦的农民家里，诞生了一个男孩，他就是伊萨克·牛顿。他生下来不足 1.5 千克，属早产儿，只有一点点气息。在他出生前的几个星期父亲就离开了人间。两岁时母亲改嫁，由外祖母抚养他。后来，他母亲又第二次变为寡妇。这个苦命的孩子，真是多灾多难!

牛顿并不是一个聪明伶俐的孩子，胆子很小，不过他喜欢独自沉思默想。在小学念书的时候，他只擅长数学，其他功课都不太好。老师在提到学习成绩不好的学生时，差不多总提到他，因此，他很少得到老师的赏识。然而，说来也奇怪，这个劣等生却有着特殊爱好，并能持之以恒。他课余时间经常把母亲给的一点零花钱拿去买斧子、凿子等木工工具，做了许多风车、风筝、日晷、漏壶、木制时钟等实用器械，非常精巧，常常受到同学和邻居的称赞。一天早晨，牛顿兴致勃勃。平时，这个什么也不会的小家伙，总是一个人呆呆地站在校园的角落里，可是这天却变成了另外一个人。原来他又做成了一台心爱的小水车，爱不释手，紧紧地抱在怀里。

“伊萨克，你做了个什么呀!”

一进校门，小朋友们就一窝蜂似的拥到他的面前，七嘴八舌地问个不休。

“水车呗!”

“能转动吗?”

“当然能转啦！还没有试车呢。中午休息时，咱们试试看吧!”

刚到中午，伊萨克就抱着水车到小河边去了。在他的后边，一个跟着一个地来了许多小朋友。

校园的一角，有一条美丽的小河。伊萨克和小朋友们一起动手用小石头把靠近两岸河水浅的地方堵住，水车就架在这窄窄的河水上。刚开始，水车嘎嗒嘎嗒直响，不一会儿就轱辘轱辘地转动起来了。“哎呀！转了！转了!”小朋友们都拍着手欢呼起来，赞不绝口地说他“了不起”。这时，班里一个成绩优秀的少年，听见他们吵吵嚷嚷的声音，也凑了过来，说：“嘿，这水车做得可真好哇！是谁做的呀?”

“是伊萨克做的。真漂亮!”

素日，这个少年最瞧不起牛顿。他看大家都在夸牛顿，非常气愤，便想找岔儿给牛顿一个难堪。

“喂，听着！伊萨克，为什么水车碰上水，它就转了?”因为牛顿认为有了水，水车就会转，这是天经地义之事，所以他什么也没答出来。

“不知道了吧！不懂道理就瞎干，任何价值也没有。你倒说说呀!”这个少年阴阳怪气地说。牛顿的脸一下涨红了，战战兢兢地小声说：

“那是因为水冲撞的缘故呗!”

“那说明不了问题！说不清道理，顶多也不过是个笨木匠。”于是，那些小朋友们也开始对牛顿起哄，叫喊：“笨木匠!”“笨木匠!”……这时，有个粗暴的少年说：“为什么一声不吭，你这个笨蛋!”他一边喊着，一边冲着牛顿的腰窝狠狠地踢了一脚。

“哎呀，好疼!”这个平时不爱生气的胆小鬼，再也忍受不住。他站起来大声喊道：

“你想干什么……”接着就向那个小家伙猛冲过去，在班上一向夸耀自己是力大无穷的野小子，没有料到竟被牛顿撞得一趔趄。豁出命来的牛顿，不容对方站稳，接二连三地冲撞，终于把他打倒在地了。从此以后，牛顿便产生了自信心。他那一直沉睡着的“顽强精神”被唤醒了。牛顿开始努力学功课，不久，对各门功课都发生了兴趣，终于成了班里数一数二的优秀生。

进入中学后，牛顿寄宿在一个药剂师的家里。当时，镇里安装了一架用于水利排灌的风车，大家都感到新奇，从老远跑去参观。牛顿看了风车回来，精心制作了一个小风车，放在药剂师家的房顶上。然而，风车在没风时是不会转动的，于是，牛顿便抓了一只老鼠，放到风车里。由于老鼠在风车里爬动，风车便转动起来了。少年牛顿不仅是模仿，而且还有创造呢!

1658年9月3日，多年罕见的狂风暴雨侵袭着英国北部农村大地。那天，天空一片漆黑，狂风怒吼，已经没有人在室外活动，唯独牛顿在暴雨中。他顺着风拼命起跳，接着又迎风拼命地跳，接着又侧身向着风跳着，并且还把斗蓬扣子打开，兜着风跳。每跳一次，就量一下跳的距离，然后计算风的力量。这对于一个十多岁而又不懂多少数学的孩子，是何等地困难啊！正是这股劲，为了攀登科学高峰不畏艰难险阻，才使他考上英国名牌大学——剑桥大学。

1661年，牛顿进入剑桥大学，同来自全国各地的优秀学生一道开始了顽强的学习。虽然，伊萨克在伍耳索浦是优等生，可是，在剑桥大学却不是这样。这里集中了各地的高材生，牛顿显得很不起眼。他在各门课程里，数学最差。尽管自己花费比别人多两三倍的时间，可是还赶不上别人。但牛顿并不因此而气馁，经过百折不挠的努力，大学三年级时，数学终于成了牛顿最拿手的一门功课，他的成绩名列前茅。这给他后来的伟大发明打下了基础。

1665年，牛顿从剑桥大学毕业，为了继续搞研究，他仍留在大学的研究室工作。年轻的牛顿，终于迈进了自己新的研究阶段了。

可是，就在这年6月，“鼠疫已在伦敦流行”的风声传到了剑桥大学。剑桥大学当局怕传染上这可怕的疾病，决定暂时停课，牛顿无奈又回到故乡伍耳索浦去了。他虽然回到乡下，可是丝毫也没有倦怠，因为要研究的问题堆积如山。在学校里读书、做实验，固然是做学问，但更重要的是，在有了一定基础之后，必须充分思考，把学到的知识加以归纳整理，这才能做到百尺竿头，更进一步。对牛顿来说，在故乡安安静静的两年，也是丰收的两年。

那是一个自然科学飞速发展的时代。望远镜打开了观察太阳黑子、月球上的山峦和峡谷、木星和土星的通道；显微镜揭示了生物结构的内幕，人类科学研究开始进入一个崭新的微生物世界；折射定律的数学公式，望远镜的光程设计，气泵的发明，血液循环和红血球的发现——这一切都是自然科学在许多领域（天文学、光学、热学、气体力学、化学和生理学等）取得的重大进展。这对牛顿的影响是很大的。然而，牛顿研究科学的方法，与同时代的科学家相比，却显得很独特。正如他在《光学》一书中开头所写的那样：“我写这本书的想法，不是以假设来解释光的种种性质，而是以理论和实验提出光的种种性质，并加以证明。”牛顿善于观察自然现象，进而发现自然规律，认识科学规律的本质。

让我们看看牛顿在故乡18个月写下的光辉的科学发现的新篇章吧！

“当汽车急刹车时，车上的人都往前倾斜。”这个现象大家都会解释：那是由于惯性的缘故。但在三百五六十年前，牛顿在研究惯性定律的时候，却是颇费心机的。当时物体的运动规律对于人们还是一个谜。有名的亚里士多德曾对运动进行研究，他认为要使一个静止的物体产生运动，必须人推、手提、马拉，根据直觉认为运动是与推、提、拉相连的，于是得出结论：“推一个物体的力不再去推它时，原来运动的物体便归于静止。”

这成为后来两千多年中大家公认的一条原理。现在我们知道它错了。它究竟错在哪里呢？三百五六十年前的人们无法弄清，科学家对此也是模糊不清。

牛顿更加严格地考察了运动。他通过观察指出，假如有人推着一辆小

车在平路上行驶，然后突然停止推它，小车不会立刻静止，它还会继续运动一段很短的距离。怎样才能增加这段距离呢？牛顿想出了很多办法，像在车轮上涂油，把路修得平滑等。车轮转动得愈容易，路愈平滑，车便可以继续运动得愈远。但这些做法有什么作用呢？牛顿思考着。他自言自语地说："这只有一种作用：外部的影响减少了。"即车轮里以及车轮与路面之间的那种所谓摩擦力减少了。对一般人来说，这已经是对观察得到的现象的一种理论解释了，但牛顿并没就此止步，而是进一步去考察、研究……他终于想出了当路面绝对平滑时，车轮也毫无摩擦，那就没有什么东西会阻止小车，而它就会永远运动下去，由此得出最原始的牛顿第一定律——任何物体，只要没有外力改变它的状态，便会永远保持静止或匀速直线运动状态。

那么，当有外力作用时，它将会怎样运动呢？牛顿认为："当物体受到外力作用时，它的加速度与作用于它上面的大小成正比例。加速度的方向与力的方向相同。"因此，在有阻力存在的情况下，运动会停止。这就发明了运动的第二定律。

经过分析和实验，牛顿得出："当一个物体对另一个物体施加力的时候，承受力的物体也用同样的力，反过来作用于对它施加力的前一个物体上。"这一规律，就是牛顿发现的运动的第三定律，也叫做作用与反作用定律。

牛顿对物理学最重要的贡献，是发现了万有引力定律。

那是1666年一个秋天，天空晴朗，灿烂的阳光同往日一样照耀着伍耳索浦这个和平的村庄。牛顿这天一早就开始在屋里埋头用功，感到有些疲倦。他想休息休息，于是，手里拿着笔记本到后院散步。

后院连着田地，那里的苹果树上结满通红的苹果，在晚霞的沐浴下闪闪发光，格外好看。这些天，占据牛顿心灵的，到底是什么问题呢？哥白尼提出地动说，一开始就遭到了罗马教皇在宗教上的残酷迫害。可是，由于伽利略、开普勒等人的研究，即使是反对地动说的一些人，也不得不承认这种学说是正确的。关于地球、火星、金星等行星怎样运行的规律，已由开普勒定律证明。至于行星为什么要那样运行的道理，谁也不知道。

今天，从早到傍晚，关于天体运行的问题一直在他头脑中回旋。

“为了使地球、火星、金星等围绕太阳运转，太阳就必须牵引着这些行星。为了使月球围绕着地球运转，同样地球也必须牵引着月球。因此天体之间肯定是引力在起作用。”

正当坐在苹果树下的牛顿，沉浸在苦苦思索之中时，忽然有一个苹果从树上落了下来，掉在他的身边。

他看见了，觉得很奇怪。他想，这个苹果为什么会落下来呢？风平浪静的。

“那一定是因为它熟透了。”牛顿自言自语地说，“可是，为什么苹果只向地上落，不向天上飞呢？”

一会儿，牛顿的眼里闪出奇异的光芒。长时期以来他想了又想的问题，终于找到了解决的线索。“苹果落到地上，那是因为地球吸引它。地球对苹果的引力，就是在高山上，也不减弱。这样看来，这种地球引力没有不到达月球的道理呀！”于是，牛顿就在笔记本上，画了下边这样的图：

在地面高处，取一个 P 点，从这里把一块石头轻轻地放开，这样石头就到正下方 A 点上。这就是作用于石头的地球引力——重力的缘故。那么，如果不是轻轻松手，而是向水平方向抛出去，石头就落到 B 点、C 点或更远，运行轨迹是一条曲线（抛物线），而且速度越大落地越远，这是因为石头向水平方向飞行的同时，又被地球吸引着，所以飞过的路线就成了曲线。如果抛出的速度非常快的话，它就不落到地面上而是继续沿着 D、E、F 各点的轨道，围绕着地球滴溜滴溜地转起来了！

想着想着，牛顿开始联想到月球：“月球之所以能以一定距离围绕地球转动，就是因为月球总是向地球方向下落的缘故。就像苹果落地一样，月球也是向着地球下落。”

“啊！明白了。”牛顿就像在大海里迷失方向时找到了罗盘针一样，高兴得不得了。他情不自禁地大声喊出来。

太阳落山了，周围变得模糊不清了。牛顿方才想起回家。

晚上，根据笔记本的记录，牛顿开始计算起来，得出地球引力的减弱是与从地球中心到月球的距离的平方成反比的。这就叫做“平方反比律”，

后来他又联想到太阳、行星，终于计算出引力同距离的平方成反比。事实上，这时牛顿已经发现了万有引力定律，但本着严谨的科学态度，他没有立即发表这一重大发现。

13 年后，牛顿又使用了准确的资料，重新应用伽利略关于运动的定律和开普勒关于天体运行的定律，进行严格的计算，从而证明了万有引力定律，即任何两物体之间都有相互吸引力，力的大小跟它们的质量成正比，跟它们之间距离的平方成反比。

能量转化和守恒定律的发现

物理学是一门研究与揭示自然界基本规律的科学。今天，物理学已成功地解释了我们所观察到的大部分自然现象，既有宇宙的构造、天体的形成和运动，也有物质微观世界基本构造的规律。

但当我们回顾几百年来物理学的发展历程以及它所取得的巨大成就时却惊奇地发现，这门伟大的自然科学，除了它所必须的各种原始的、现代的、普通的、精密的实验设备外，整个理论完全是建立在一些简单的基本定律之上。中学物理讲到的能量转化与守恒定律就是其中最重要的一个。

运动与做功

自远古以来，人类就一直与各种生产劳动和社会实践活动相伴随，并且在漫长的岁月里逐渐有了运动物体能够做功的概念。比如举高的大石块落下时可以砸开坚硬的物体、夯实房屋的地基；流动的河水能够推动简单的传动装置，带动石磨加工粮食……

但是怎样才能知道运动物体做功本领的大小呢？人们想到测量任何东西的大小都要有一把合适的尺子。例如测量时间就要有计时工具，从古代的沙漏、水漏，几百年前的摆钟到今天的原子钟，都是不同时期测量时间的“尺子”。那么运动物体做功本领的大小用什么测量呢？同样需要一把“尺子”。

"尺子找到了"

人们在苦苦寻找这把尺子，但始终求之不得。然而到了16世纪，有人发现了它，这个人便是意大利科学家伽利略。

伽利略在他的研究中发现，从同一高度掉下两个质量不同的物体时，它们会以相同的速度落下。但重的物体撞击地面的力量比轻的物体大得多，显然它们的运动量并不相同。于是伽利略提出用运动物体的质量和速度的乘积来测量运动物体的运动量是合适的。但是他并没有把这个研究进行下去，只是用它解释了几个试验而已。后来，法国数学家笛卡尔觉得伽利略的发现很重要，便继续进行研究。笛卡尔根据碰撞理论，用数学方法证明"质量乘以速度"的确可以测量运动物体运动量的大小。

这样的"尺子"合适吗？德国数学家莱布尼茨首先不同意。他做了这样的实验，用10米/秒的初速度向上抛一块石头，石头上升的高度约为5米；当速度扩大2倍为20米/秒时，石头达到的高度却并非扩大2倍而是4倍，达到20米的高度；如果速度扩大3倍为30米/秒，高度则扩大9倍达45米。莱布尼茨发现这与笛卡尔的观点相矛盾，因而于1686年发表文章，提出用"质量乘以速度的平方"测量运动量的大小。

莱布尼茨的看法立即遭到笛卡尔派的反对，接着他们以及各自的支持者就此形成两大派别展开了激烈的争论。在其后的一个多世纪里，经过达朗贝尔、科里奥利、托马斯·杨等许多科学家的不断深入研究，终于发现能够测量运动物体做功本领最合适的"尺子"既不同于笛卡尔的，也有别于莱布尼茨的，而是"质量乘以速度的平方之一半"，并且把运动物体具有的这个量叫做物体的"活力"。1801年，托马斯·杨在英国皇家科学院的一次讲演中，提出用"能"这个词代替"活力"。按照他的解释，运动物体具有的能的多少就是其做功本领的大小。

能量与能量转化

有了测量物体的运动量即能量这把尺子之后，对运动物体的研究就进入到一个更深的层次。但是科学家很快发现，自然界存在各种形式的运动，

它们之间有着广泛和深刻的内在联系，并且各种形式的运动之间经常发生着转化，因而以前那种把各种运动分割开来单一研究的方法已举步难行。1799 年德国哲学家谢林就指出："磁的、电的、化学的甚至有机的现象都会编织成一个大综合。"

当时，机械运动和热运动之间的联系在实验和技术上已被揭示出来。钻木取火现象早在远古就被发现；1797 年伦福德的钻炮摩擦生热以及 1799 年英国科学家戴维在真空中使两块冰摩擦融化的实验都显示出机械运动向热运动的转化。而蒸汽机的发明和改进又使热运动转化为机械运动，这些使得机械运动和热运动之间的转化过程完成了循环。

热和电之间的转化则在稍后的 1821 年由德国物理学家塞贝克发现。为了验证关于电流的磁性的某种猜想，他用一根铜导线和一根铋导线连接成回路。当把一个结头握在手中时发现，只要两个结头之间出现温度差，回路中就产生了电流，并且在一定的范围内，电流大小与温差成正比。而在 1840 年和 1842 年，英国物理学家焦耳和俄国物理学家楞次又分别发现电流通过导线时的热现象，并由此得到了电学中著名的焦耳—楞次定律。这些都使人们相信，电能和热能之间也存在相互转化。

与此同时，能量转化研究的范围已扩大到有生命的领域。19 世纪初以后，科学家就发现植物从它周围的土壤中吸取水分和其他营养，从空气中获取二氧化碳。在太阳光的照耀下，这些物质依靠植物叶子里一种叫叶绿素的化合物变成了淀粉、糖分和纤维素等。这种转化过程称为光合作用，它是太阳能转化为植物所具有的化学能的过程。当植物被用来做食物或者燃料时，化学能又转化为机械能或热能。

科学家还发现动物和人类等生物体的活动与生存也来自于能量的转化，或者说来自于食物中的化学能。动物和人类的运动是依靠肌肉有节奏地收缩产生的，少数动物像蜘蛛腿上没有肌肉，行动靠腿骨内的液体流动产生，其原理类似于机器里的液压传动。

肌肉是怎样产生收缩运动的呢？科学家开始认为生物如同一架蒸汽机，先把食物的化学能转化为热能，然后热能再转化为肌肉的机械能。但他们发现在生物体内能量并不是按这种方式转化的，因为动物转化能量的效率为80%左右，而最好的蒸汽机的效率却只有7%左右。后来的研究表明，在生物体内，化学能是直接转化为机械能的，当然转化过程是比较复杂的。首先，食物在肠道内被分解为糖分，糖分透过肠道壁进入血管并被血液送到肌肉里。这时糖分继续分解并放出能量，但这些能量并不直接为肌肉使用，而是保存在一种化合物三磷酸腺苷中。当肌肉收到大脑发出的收缩指令后，三磷酸腺苷才放出能量供肌肉使用。然而，肌肉是如何把化学能变为机械能的呢？对此转化过程科学家仍在继续研究。

在19世纪中叶之前，科学家已发现了当时所知道的大多数形式的能量间的相互转化过程。除了已讲到的外，还有电能与磁能、机械能与电能、电能与化学能等能量间的转化关系。从这些事实人们认识到自然界的能量有多种形式，但不同形式的能量是可以转化的，因而能量转化是自然界的一条基本规律。

永动机之谜

能是物体做功的本领，物体在做功的同时必然消耗一部分能量，这在今天看来无疑是最简单的科学道理。但在科学史上相当长的一段时间，许多人都做过一个相同的梦：制造出一种机器，它不需要消耗能量却能做功。这些人中不乏技艺高超的能工巧匠，也有聪明绝顶的著名科学家。

最早的永动机方案是13世纪一个叫亨内考的法国人提出的。他在一个轮子的边缘上等距离地安装12个活动短杆，杆端分别套一个重球。亨内考认为，无论轮子转动到什么位置，右边的重球总比左边的重球离转动轴更远一些。这样右边的重球就会压着轮子永不停顿地沿顺时针方向转下去。可是根据这一设计制做的永动机只转了几圈后便停下来，更不用说再对外做功。

著名的意大利画家达·芬奇不仅画技高超，而且还是一位科学家。他也设计了另外一种永动机，他认为右边的钢球比左边的钢球离轮心更远，在两边不相等的作用下轮子就会沿着箭头方向转动不息。但按达·芬奇的设想制作的永动机同样逃脱不了失败的命运。后来各种各样的永动机方案还是层出不穷，有的利用重轮的惯性，有的利用浮力、细管的毛细作用、

磁性之间同性相斥的性质……但五花八门的永动机设计方案都在科学的严格审查和实践的验证下一一失败了。以致法国科学院在1775年正式宣布永动机是不可能制成的，并声明“本科学院以后不再审查有关永动机的一切设计”。

但在科学上发现不同形式的能量可以转化后，一度匿迹息声的永动机之梦又开始死灰复燃，有人企图在能量转化的过程中，实现能量的递增从而制成永动机。一个典型的永动机方案就是用一台电动机带动水泵把水抽到一定高度储起来，再利用水的落差带动一台功率更大的发电机发出多于用于电动机的电来。但是所有的永动机都失败了，无论设计者怎样改进，不论结构多么严密和精巧，都无一能够成功。人们在痛定思痛之余，对这些机械进行细致地科学分析，原来永动机的设计者违背了自然界的另一条基本原理——能量守恒定律。

能量是守恒的

早在15世纪的明末清初之际，我国著名的思想家王夫之就有过运动守恒的思想，之后西方的科学家伽利略、笛卡尔等也提出过运动不灭，但是人类真正从科学上开始认识能量守恒却是19世纪40年代的事情。

罗伯特·迈耶是德国的一位医生，他从生理学入手，通过哲学上的思考，较早地发现了能量守恒原理。1840年迈耶在一艘从荷兰驶往东印度的船上当医生，在航至爪哇附近时，他给船上生病的欧洲船员放血时发现，病人的静脉血不像生活在温带的人的血颜色发暗而像动脉血一样鲜红。迈耶对此迷惑不解，甚至怀疑自己是否弄伤了病人的动脉，但是在港口当地的医生告诉他这种现象其实在热带地区很普遍。

这是为什么呢？迈耶决心把问题弄清楚，他在大学没有学过数学和物理学，但行医前在巴黎学习过法国化学家拉瓦锡的燃烧理论。因此迈耶试图用燃烧理论解决这一问题，他设想人体的体热是由所吃的食物和血液中的氧气化合而释放的，在热带的高温环境下，人的机体需要较少的热量，所以氧化过程减弱了，于是在流回心脏的血液中留下了较多的氧，静脉中的血液的颜色就鲜红一些。

这次航行结束后，迈耶根据自己的理解写了一篇题为《论力的量和质的测定》，并寄给当时德国的权威刊物《物理学和化学年刊》。由于迈耶在数学、物理学上的知识不足以及缺少精确的实验根据，所以文章没有发表。这件事激励迈耶自学了有关的数学知识，在1842年又写出第二篇文章《论无机界的力》并发表在《化学和药学年刊》的5月号上。在这篇文章中迈耶首次提出“能量是不灭的、可转化的、无重量的客体”，并运用这一观点讨论了“势能、动能、热能之间的转化和守恒”，并根据当时的气体比热值，首次测出热的机械当量。

1845年，迈耶又发表了《论有机运动与新陈代谢》一文，再次讨论了能量转化和守恒的科学性。他研究了运动的五种形式和能量的五种形式，并非常形象地描绘了运动转化的25种情况。迈耶进一步提出有机体内发生着化学能转化为其他形式能量的复杂过程，生命现象也遵守能量转化和守恒原理。由于迈耶不是物理学家，所以在很长的一段时间里，他的研究成果不被人们接受，观点受到怀疑和嘲笑。但是他始终坚持自己的科学信仰，即使在两个孩子夭亡、自己身体残废的困境中也矢志不移。

如果说迈耶从理论上揭示了能量守恒原理，那么，另一位英国物理学家焦耳对于热的机械当量的精确测定则为这一原理的建立提供了最重要的实验基础。焦耳年轻时也是个永动机迷，但他在失败后立即放弃了这种念头。为了清楚永动机为什么不能成功，他开始探索不同形式的能量在转化过程中是越来越多，还是永远保持不变。

1840年，焦耳首先研究电流的热效应，他通过一系列实验验证了电流生热的定量关系：导线的发热量与通过它的电流的平方成正比。接着焦耳开始研究机械运动和热转化的关系，他用至今仍出现在物理教科书上的那个经典实验证明：处在55～600F的1磅水温度上升10F，需要的热量等于772磅重物下降1英尺（0.3048米）所做的功。焦耳对热的机械当量的测定，前后用了近40年的时间，做了400次实验。焦耳的成果得到了科学上的承认，也为能量守恒原理的建立扫除了最后的障碍。

历史上能量守恒原理的发现和建立过程相当复杂，除了迈耶、焦耳之外，许多科学家如德国物理学家亥姆霍兹、法国工程师卡诺等都进行过这

一研究，并且都在1832～1854年以不同形式彼此独立地提出了能量守恒原理。后来科学界把能量转化和能量守恒原理合二为一，并表述为这样一条定律：对应着各种不同的运动形式，有各种不同形式的能量。任何一种形式的能量在转化为其他形式能量的过程中，总能量是守恒的。能量既不能创生，也不能消灭，只能由一种形式转化为另一种形式，或由一个物体传给另一个物体。

伟大的科学定律

能量转化与守恒定律为人类深刻揭示了自然界各种运动状态的普遍联系和统一性，找到了各种运动的公共量度——能量，因而这个定律是全部自然科学的基石，也正因为这样，伟大的革命导师恩格斯指出这一定律与进化论、细胞学说是19世纪自然科学的三大发现。

这一定律是在长期的生产实践和大量科学实验的基础上确立起来的，直到现在，科学上还未发现违反这一定律的实验事实，反而科学家却根据这一定律不断地解决了一系列重大的科学问题。

20世纪初，物理学研究发现在一种放射性原子核衰变为另一种核的衰变过程中，放出的电子携带的能量不够多，与衰变前后原子核的能量损失不相等。由于当时无法找出丢失的能量，科学界极为惊慌，就连大名鼎鼎的物理学家玻尔也认为在微观世界应放弃能量守恒。但是年轻的奥地利物理学家泡利坚信能量守恒是自然界的普遍规律，他认为衰变过程中能量并没有丢失，而是被某种当时还不知道的粒子带走了，并做出了著名的中微子假设。到了20世纪50年代，人们终于发现了中微子。

这个定律的应用还有很多很多。在营养学方面，专家通过测量各种活动对能量的需求，制定出合理的营养标准。比如从事不同运动项目的运动员就有不同的食谱。在医院里，医生测量病人对能量的消耗，就能对某些疾病做出诊断。病人吃得越来越多却越来越消瘦，那就可能患有甲状腺机能亢进。

工程师设计一座火力发电厂，就得按照预定的发电量，根据能量定律确定电厂的规模、汽轮机的大小、锅炉的容量、煤的消耗量等。同样，一架飞机、一辆汽车、一艘轮船的设计都离不开这个定律。

自能量转化与守恒定律发现以来，人类在对能量的认识上取得了两个伟大的成就：一是能量子的发现，即自然界各种形式的能量都是由一份一份的能量子构成的，这一发现直接导致了现代物理学的诞生；二是质能关系的发现，即一定的质量必与一定的能量等当。这一发现使人类找到了新的能源——原子能。但是能量世界还有许多未知的东西需要人们去探索、去发现，因而将来人类对能量的认识一定会更丰富多彩。

光的色散的发现

在自然科学中，光学是一门历史悠久、内容丰富的学科，人类的科学进步始终与光学的发展和人们对于光的认识有着极其密切的关系。在光学发展300多年的历史上，许多著名的科学家都进行过这一科学领域的研究，人类最伟大的科学家牛顿就是其中之一，而且他在实验物理方面的工作主要是体现在光学上。

发现七彩光带

牛顿在大学期间，特别喜欢物理实验，接触了许多光学仪器。虽然当时光学仪器的缺陷和毛病很多，但大家都找不出其根源所在。对于这一问题牛顿牢牢地记在心里，他想一旦有了机会必须弄清楚它们。

1665年，牛顿大学毕业了。当时的英国正受到瘟疫的侵袭，为了减少传染的机会学校都关了门，无学可上的牛顿只好回到农村的家中。他虽然也去田间干农活，但更多的精力却是用于科学研究，其任务之一就是要弄清大学实验室的光学仪器为什么会有那么多的不足。

那个时代的光学仪器还非常原始，无非是一些平面镜和凹、凸透镜及三棱镜等元件，因而牛顿能够在家里方便地开展自己的研究工作。

一天，天气很好，阳光从窗子射进屋内，牛顿拿出一块玻璃三棱镜准备实验。忽然，他发现地面上出现了红、黄、青、紫等颜色的光排成的鲜艳彩带。这是怎么回事呢？他已多次使用过这块三棱镜，但从来没有见过

这种现象。

牛顿开始认真地研究这一现象，他用支架把三棱镜安放好，接着拿出两张硬纸板。在一张纸板上刻出一条缝放在棱镜前面，将另一张放在棱镜后面做光屏。当一束阳光穿过窄缝射到棱镜上时，在进入棱镜的一面发生一次折射，从棱镜的另一面射出时又发生一次折射。经过两次折射后，光线的方向变了，在后面的屏上形成一条由红、橙、黄、绿、蓝、靛、紫七种颜色排开的彩色光带。难道白色的阳光是由这七种颜色的光组成的吗？牛顿还不能肯定，他开始查找资料，很快发现了对这一现象的解释：白色的光通过三棱镜后之所以变成依次排列的各色光，并不是白光有复杂成分，而是白光与棱镜相互作用的结果。

决不轻信别人

事实是这样的吗？牛顿是个特别认真的人，要让他相信什么，除非是他亲眼所见或者亲身经历过。

牛顿开始这样考虑问题，如果白光通过棱镜后变成七种颜色的光是由于白光与棱镜的相互作用，那么，这些各种颜色的光经过第二个棱镜时必然会再次改变颜色。他根据自己的想法继续做实验，他在棱镜后面竖放一张开有小孔的屏，这样转动前面的棱镜，就可以使不同颜色的光单独地穿过小孔。在屏的后面再放一块三棱镜，就能观察到这些单色光通过第二块棱镜后颜色是否会改变。但实验的结果表明，这些单色光经过第二块棱镜后没有再分解，颜色也没有变化，看来别人的解释并不正确。

接着牛顿开始想，既然一块棱镜能把白光分解成七种颜色的光，那么用另一块棱镜就可能使这些彩色的光复原为白光。于是他又在第一块棱镜后倒放了一块顶角较大的棱镜，果然实验成功了，七种颜色的光带又变成白光。

这些成功的实验使牛顿认识到白色的阳光的确具有复杂的成分，它由七种不同颜色的光组成。三棱镜之所以能把它们分开，是因为各种单色光相对于棱镜有不同的折射率。后来牛顿的发现得到科学界的承认并被写进教科书，而这些实验则被称为著名的“光的色散实验”。

牛顿与现代光谱学

光的色散现象的发现是17世纪的事情，这在当时并无特别重要的意义，但是牛顿的实验却开创了现代物理学的重要领域——光谱学研究的先河。

随着科学的发展和技术的进步，人们逐渐发现了红外线、紫外线以及各种各样的其他光谱，更重要的是认识到这些光谱反映了物质的微观世界——分子、原子里面发生的事情。因而光谱学的研究就成为科学家认识物质微观结构的有力手段。

通过光谱学，人类发现了新的物质元素，找到了“解释原子密码”的依据。特别是20世纪60年代后，随着激光技术、计算机以及各种先进的电子技术、测量技术的出现，人们更容易获得各种物质元素的光谱，并且更为方便准确地进行研究。通过光谱反映的信息，可以了解它们的成分和结构、弄清它们的理化性质。可以说，没有光谱学的成就，就不会有物理学、生物学、化学等许多科学的今天。

目前，光谱学已发展成为一门内容丰富的专门学科。从物质结构上讲，有原子光谱学、分子光谱学；从光谱波长上分，有X射线光谱学、红外线光谱学；从光谱形式上看，有激光光谱学、荧光光谱学……而且，光谱学的应用已遍及化学、生物学、天文学、地质学、冶金学、医学、刑事学等现代科学的许多领域。

今天，光谱学的发展远远超越了牛顿所研究的范围，但是我们不应忘记牛顿的功绩：他发现了获得光束中电磁辐射的强度按波长或频率分布的一个表象的原始方法。

光的衍射及波动性的发现

自有人类以来，人们就一直和光打交道。光不但是人类赖以生存的重要条件，而且也是人类获得信息的重要渠道。我们之所以能看到身边这个五彩缤纷的世界，正是由于物体辐射、反射或散射的光进入人眼的结果。

光与人类有着如此密切的关系，人们必然会去研究它。从公元前5世纪

起，人们就开始积累对光的感性认识，观察和实验光的直线传播、反射和折射现象。但是人类对光的本性的认识却是晚至16世纪之后的事情。

微粒说称雄一时

光是什么呢？牛顿认为光是沿直线飞行的微粒流，而且他用这种微粒说成功地解释了光的传播、反射、折射及色散等现象。但是与牛顿同时代的荷兰人惠更斯、意大利人格里马耳迪等却认为光是一种波动。格里马耳迪发现，在窗户的护窗板上钻两个紧挨的小孔，太阳光经过这两个小孔射入室内形成两个锥形光柱。再将一个屏放在光柱相互重叠的区域就可发现，在某些位置上，屏上的亮度反而比只有一个光柱照亮时还要暗些。格里马耳迪称这种现象为光的干涉现象。显然，光的干涉现象与光的微粒说不相符合。

不久，格里马耳迪又发现，如果在狭窄的光束路径上放置一物体，那么在置于其后的屏上看到的就不是物体轮廓分明的影子，其影子不但比较模糊而且沿着边缘还出现彩带。格里马耳迪称这种现象为光的衍射，衍射现象也与光的微粒说相矛盾。

格里马耳迪和其后的许多科学家都观察到了光的干涉和衍射现象，特别是英国物理学家托马斯·杨在18世纪初进行的光学双孔干涉研究中，把光学现象与水面上的机械波相类比，明确地提出光具有波动性。

应该说人们已经找到了光是波动的有力证据，但是他们当中却无人能对这些现象以波动理论做出正确的解释。因而光的波动说在与光的微粒说的论战中始终无法占据优势，况且由于牛顿在物理学中的崇高威望无人可比，更使光的微粒说不可动摇。

显然，要使人们承认光的波动说，不但要有实验证据，最重要的是要能用波动理论对这些实验现象做出令人信服的科学解释。尽管这太困难了，但是年轻的法国工程师菲涅耳终于取得了成功。

波动说不甘寂寞

1788年5月10日，菲涅耳出生于法国的诺曼底。菲涅耳小时候就喜欢钻研技术和精密科学，青年时期则更是醉心于光学研究。虽然他在政府的桥梁和道路管理部门任工程师，却把所有的业余时间用在光学实验上。1814年，他在著名的“菲涅耳双镜”实验中观察到新的光的干涉现象，之后他又成功地完成了许多光的衍射实验。由于菲涅耳的出色工作，他开始在法国光学界崭露头角，并成为光的波动说的信奉者。

1817年，法国科学院举办一次科学竞赛会，要求参会者用精确的实验来演示光的全部衍射效应，并且必须建立相应的理论来解释清楚这些效应。虽然参加这样的竞赛会要冒一定的风险，但知难而进的菲涅耳还是报了名。他用比较长的时间写了一篇有关自己研究的论文，准备了有关的实验。第二年年初，菲涅耳把论文递交给法国科学院。

菲涅耳敢上擂台

法国科学院对这次竞赛极为重视，他们组成了专门的委员会审议所有的应征论文。委员会的成员都是当时法国科学界的知名学者，其中有泊松、毕奥、拉普拉斯这几位信奉光的微粒说的大科学家。

委员会对所有的论文进行了严格的审议，尤其是对像菲涅耳这样认为光是波动的论文更加关注。虽然菲涅耳的波动理论比较严密，而且计算结果也与实验数据完全相符，但由于委员会中相信微粒说者占优势，因此委员会提出让菲涅耳演示自己的实验、宣讲自己的论文，回答委员们的质疑。

在答辩会上，菲涅耳精细地演示了光的衍射现象。他不但在点光源发出的光束照明下使一根细丝的影子中呈现出明暗相间的衍射图样，而且他还用小孔实验表明，当小孔的直径小到可与入射光的波长相比拟时，光通过小孔后能产生圆孔衍射图样，这是一圈一圈明暗交替的同心圆。接着菲涅耳又演示了光通过圆屏、锋利的直边等障碍物时产生的衍射效应。

在实验的基础上，菲涅耳提出了今天称之为的“惠更斯—菲涅耳原理”，这是建立在光的波动说上的一种新的光学理论。菲涅耳用这一理论的数学方法计算出实验中衍射带的分布，并计算出光通过小孔时，在屏上会产生什么样的图样。菲涅耳的理论和实验配合得天衣无缝，以至于多数委员都认为他应该获奖。但就在答辩即将结束时，一件意料之外的事件发生了。

波动说终获成功

泊松信奉光的微粒说，因而他在审查菲涅耳的论文时就特别挑剔。他在详细地研究菲涅耳的理论和数学方法时发现，按照菲涅耳的波动说，在圆屏衍射实验中会得到一个难以置信的结论：在圆屏的阴影中心会出现一个亮点。这一现象是所有的委员谁也不曾见过的，即使菲涅耳本人也没有观察到。在菲涅耳的答辩即将结束时，泊松突然提出这个问题，并借此难住菲涅耳并驳倒他的波动说。

对于泊松的发难菲涅耳确有些措手不及，但是他很自信，他相信自己的理论是正确的。菲涅耳再次演示实验，他精心地做准备，使所有的工作都严格符合要求。果然，圆屏的衍射实验成功了，当圆屏的半径很小时，阴影的中心出现了一个亮点。这个结果泊松同样没有想到，但对此无言以对，那些信奉微粒说的委员也都无话可说。菲涅耳的论文当之无愧地获得一等奖。菲涅耳的成功是对光的微粒说信奉者的巨大震动，由于泊松等知名学者都改弦更张，其他人也就不再固守自己的看法。这是在光学发展史上波动说第一次战胜微粒说。

由于菲涅耳对光的波动说的兴起有巨大的贡献以及他在其后所做的许多有重要意义的工作，1823 年，菲涅耳当选为法国巴黎科学院院士，1825 年又被英国皇家学会聘为会员。但是令人遗憾的是菲涅耳卓有成就的一生太短了，1827 年他因肺病在巴黎附近的乡村逝世，年仅 39 岁。

既是粒子又为波

光是一种波动吗？由于菲涅耳的巨大成功以及 1865 年英国物理学家麦克斯韦提出光的电磁理论后，人们对此更是深信不疑。

但是从 19 世纪末到 20 世纪初，光的波动说又一次遇到危机。科学家在研究黑体辐射、光电效应及 X 射线散射等问题时发现，光的波动说对许多科学现象根本无法解释。以至于像普朗克、爱因斯坦、康普顿等许多著名物理学家不得不再次提出光是一种微粒流。

光到底是波动还是微粒，科学的发展使这个问题变得越来越复杂，因而科学家始终无法给出定论，光的本性成了科学家面前最棘手的难题。但是到了1924年，法国年轻的物理学家德布罗意提出任何实物粒子都有波动性之后，科学家才为光的本性是什么找到了答案：光既是一种波动，又是一种微粒，光和实物粒子一样具有波粒二象性。在一些场合尤其是涉及光的吸收和辐射问题时，单个光子无疑会明显地具有微粒性。但我们平常看到的是大量光子的集体行为，光子出现的概率确实按照波动说的预言来分布，因而光就明显地呈现出波动性。

光的波动性的发现以及人类对光的本性的认识，是科学史上最困难的事情之一，从牛顿最初提出光是微粒流到德布罗意提出光具有波动和微粒二象性，历经300余年。在这期间，反反复复、争执不断，光的本性的发现过程因此成为人类科学发展史上最美好的回忆之一。

光的波动性的发现在科学上具有极其重大的意义，现代光学的主要理论大部分都是建立在光的波动性学说上。人们设计光学元件、制造光学仪器时无一不考虑光的波动性。光的波动理论指出，任何光学仪器的分辨本领都与所使用的照明光的波长有关。波长越短，光的波动性的表现——衍射效应越弱，分辨本领越高。今天我们使用的电子显微镜就是据此制造的。由于电子的波长只有普通光波波长的1/1000，因而电子显微镜的分辨本领就比光学显微镜高1000倍。

α、β、γ射线的发现

19世纪末，贝克勒耳、居里夫妇发现的放射性现象在世界科学界引起了巨大的震动。这种特殊的射线是从哪里来的？它是由什么构成的？人们非常渴望有谁来揭开这一科学现象的神秘面纱。于是科学家纷纷行动起来，开始探索和研究放射性的本性，其中英国物理学家卢瑟福取得了最辉煌的成就。

杰出的青少年时代

厄内斯特·卢瑟福1871年8月31日出生于新西兰的纳尔逊。他的祖籍

是英格兰，祖父和外祖父都是从英格兰到新西兰的第一批移民，世代为农民兼手工业者。

卢瑟福有十个兄弟姐妹，童年生活相当贫困，因此他从小就目睹到父辈为全家人的温饱而辛苦操劳。从进入学校的第一天起，他就树立起一个坚定的信念：除非好好学习，否则长大后就会和父辈一样当农民。

卢瑟福是个好学生，从小学毕业之后，他一直是依靠奖学金完成中学至大学的全部学业。为了保证及时得到奖学金，他所有功课的学习成绩都是最优秀的，这不但有他擅长的数学、物理等理科课程，还有并不感兴趣的历史、法语、拉丁语、希腊语等文科课程。人们对青少年时代的卢瑟福的一致评价是：这是一个坦诚俭朴、令人喜欢的青年，虽然带有孩子气，但只要认准目标，就会勇往直前奔向它。

剑桥大学的研究生

1895 年，卢瑟福获得大英博览会奖学金，从新西兰来到当时世界著名的科学研究中心——英国剑桥大学的卡文迪许实验室做研究生。本来，卢瑟福的目的是继续他比较熟悉而且已做出不少成绩的无线电研究。

1897 年，卡文迪许实验室主任汤姆孙教授在研究阴极射线性质的过程中发现了电子，这是人类有史以来认识的第一个亚原子粒子。电子的发现揭开了人类研究物质更深层次的序幕。卢瑟福也由此看到，明天科学的发展就在于今天对于微观世界的了解，这一认识又使卢瑟福从科学的应用方面转到科学的基础研究上。

卢瑟福在基础研究上接触到的第一个题目是关于 X 射线对气体导电性的作用。这是汤姆孙教授的研究项目，但作为汤姆孙的研究生和助手，卢瑟福在工作中担当了重要的角色，特别是那一系列精密的实验仪器的设计和制作，许多实验方案的提出和实施，无一不表现出卢瑟福的天才和智慧。由于他出色的工作能力，1898 年在汤姆孙的推荐下，卢瑟福到加拿大的麦克吉尔大学任教授。

放射性的成分

1896 年 2 月，法国物理学家贝克勒耳发现了铀的放射性。此后不久，在居里夫妇等人的努力下，放射性越来越强的元素钍、钋、镭等被相继发现。消息传到远在北美的加拿大，卢瑟福如获至宝。他立即停下正在进行的其他工作，开始研究放射性的种类、性质和本性。

卢瑟福从铀的辐射入手，并采用了与研究 X 射线对气体导电作用的类似方法。他把两块面积各为 20 平方厘米的锌板平行置放、间隔 4 厘米，在一块板上均匀涂上粉末状的放射性铀化合物，在另一块上接上电流计。当两块板接上电源后，由于铀辐射对空气的电离作用，两板之间的空气变得能导电，这样通过电流计的读数便可知道在辐射作用下气体的导电量。

接着卢瑟福在两板之间放置多层厚度 0.0005 厘米的铝箔，研究辐射穿过金属层后的衰减情况。卢瑟福发现，在两板间逐次放 3 层铝箔时，电流计的读数变化缓慢，但当放上第 4 层时，电流计的读数突然下降到原来的 1/20。再逐次加放铝箔一直到 20 层，电流计读数的变化始终不大。辐射强度在第 4 层前后为什么会发生突变呢？卢瑟福认为一定是铀辐射的成分在这一层前后发生了变化，即铀辐射中有着不止一种的射线，某一种射线在经过第 4 层时被吸收了，而其他成分的射线则依然存在。为了简单起见，卢瑟福用希腊文“alphabeta……”的头几个字母的读法，把那种容易被吸收掉的射线称为“alpha”，而其余的称为“beta”，即“α”和“β”射线。其后不久，卢瑟福和法国科学家维拉德又同时发现铀辐射中还有一种比 β 射线穿透本领更强的射线，并由卢瑟福命名为“γ”射线。

三种射线的性质

卢瑟福发现，α、β、γ 三种射线是当时科学界最重要的事件之一，然而卢瑟福对此并不满足。关于三种射线他要做的事情还有很多，首先是查清楚它们的身份。当时许多科学家已进入这一研究领域，首先是放射性的发现者贝克勒耳证明 β 射线可以在静电场中偏转，其行为与阴极射线一致，并由此确定 β 射线就是速度很高的电子流。

但对 α 射线其他人就重视不够，认为它在电场、磁场中毫无反应，穿透性弱且不能使照像底片曝光，似乎无关紧要。但卢瑟福始终坚持对 α 射线的研究，1902 年他用 8000 高斯的强磁场、15000 伏/厘米的强电场，分别

实现了α射线在磁场、电场中的偏转，证明了α射线是一种带正电的粒子流，并测定出其电荷与质量的比值为氢的一半，速度为光速的1/10。1908年卢瑟福又用光谱方法证明α射线是氦的原子核，它带有铀辐射全部能量的98%。而γ射线的确认则更为困难，直到1914年卢瑟福才肯定它是类似于X射线的电磁波。

三种射线的发现以及它们身份的确定彻底改变了人们对于传统物理学的认识，而卢瑟福则从更深的层次上去探索放射性的本性。

在大量实验事实的基础上，卢瑟福对放射性的产生提出了当时最令人满意的解释：所有放射性变化都可以看作一种物质由于放出射线而同时生成另一种物质的过程。当然今天对放射性本性的认识，比卢瑟福的解释更为全面和准确：放射性是发生在原子核内的事情，在自然界中，大多数的原子核是不稳定的，当原子核由不稳定状态向稳定状态转变的过程中，就以放出不同粒子的方式释放能量，并且由此形成放射性，产生出α、β、γ三种射线。

放射性与现代科学

对于放射性和三种射线的不断认识，为人类展现出一幅五彩缤纷、生动无比的微观世界景像，唤起了自然科学史上的又一次革命。

接着卢瑟福开始研究放射性的规律，他首先提出了一个重要概念：半衰期，即某种元素的辐射能力衰减到初值一半时所用的时间。这样对放射性的描述就有了定量性，物理学也第一次有了“寿命”的概念。而卢瑟福把铀、钍、镭的衰变过程分为几个阶段，绘制出这些元素衰变家族的图谱，从图谱上就可清楚地知道某种放射性元素经过什么过程、经过多长时间衰变成什么元素。从图谱上对某一元素上溯，也能查到它的祖先和根系，而对其追踪就可知道它的子孙后代和最终结局。

放射性衰变理论是现代物理学的重要组成部分，在科学上具有极其重要的应用价值。在考古中，利用放射性衰变理论可以推算出生物死亡的年代。实验证明，在生物活体中含有与空气相同比例的12C和14C，虽然14C具有放射性，但生物可以从食物和空气中得到补充。生物死亡后，12C保持不变，而14C却因不断衰变而减少。因此测出生物遗骸中12C和14C的含量比，就可知道生物死亡的年代。同样，科学家用这一理论解决了地球、月球和许多宇宙天体的年龄、太阳的寿命及各种矿石的生成年代等重大科学问题。

由于放射性现象伴随着原子核的变化，原子核能够自发地由一种变为另一种，从理论上讲就能用人为的方法使一种元素变为另一种元素。卢瑟福在人类历史上首次成功地分裂了原子，使元素氦转变为另一种元素氧。20世纪30年代初，卢瑟福与他的两个学生瓦尔顿和科克拉夫特设计了一架巨型原子捣碎机，并用这一设备把轻金属锂变为氦。

1932年，卢瑟福在英国皇家学会公开了他们改变元素的成就之后，立即轰动了舆论界。报纸以大标题报道“原子分裂了”、“现代社会有了炼金术士”，而商业报纸则大声呼喊：“黄金即将被制造，货币很快贬值。”

卢瑟福是一位伟大的物理学家，他在原子核、放射性等许多物理学领域有着卓著的成就，但他在科学上获得的最高荣誉却是1908年诺贝尔化学奖。在瑞典皇室招待他的宴会上，卢瑟福风趣地讲了这样一段话：“我曾处理过多个时期的许多不同的变化，但我遇到的最快变化则是一瞬间自己由一个物理学家变成一个化学家。”

光电效应的发现

阿尔伯特·爱因斯坦是人类历史上成就超凡的科学巨匠。他之所以被誉为20世纪的哥白尼、20世纪的牛顿，是因为他在现代物理学的许多重要领域都有奠基性的贡献；他之所以为世人所景仰，是因为他创立了狭义相对论、广义相对论，把20世纪的科学引入一个由三维空间和一维时间构成的四维时空。1921年，爱因斯坦荣获诺贝尔物理学奖，但授奖的主要原因却是他的另一贡献——光量子理论及对光电效应的理论解释。

什么是光量子理论？什么是光电效应？爱因斯坦又是如何对光电效应做出理论解释的呢？

赫兹的发现

自丹麦物理学家奥斯特发现电流的磁效应和英国物理学家法拉第发现电磁感应现象后，人们对电磁理论的研究逐步深入。1864 年，英国物理学家麦克斯韦用严格的数学方法证明了电磁波的存在，并认为光就是一种电磁波。

电磁波既不像水波可以看见，又不像声波能够听见，这在当时看来颇有点神秘莫测。那么到底有没有电磁波，麦克斯韦的理论是否正确，唯有实验事实才能回答。然而由于这样的实验难度极大，在十多年后仍无人问津。鉴于弄清这个问题的重要性，1878 年德国柏林科学院悬赏求贤。1883 年，年仅 26 岁的物理学家赫兹站出来勇敢接受了这一难题，几年之后赫兹不仅在实验上证实了电磁波的存在，而且还发现了另一重要的科学现象。

1887 年初的一天，已经担任德国卡尔斯鲁厄高等学校教授的赫兹正在继续他的电磁波实验。他使用的仪器为：变压器 T 和电容器 C 组成振荡电路，F 是一对由纯锌材料制作的电极。赫兹在实验中发现，调大电极 F 间的间隙，电容器 C 放电的火花就很难在两电极间跳过。但这时如果用水银灯的光照射电极时，火花则容易跳过。赫兹对这一现象很感兴趣，反复进行了实验，最后他得出结论：在这一现象中起作用的是水银灯光中的紫外光部分，当光照射 F 的负极时作用更明显。当时赫兹还无法解释这种现象，但他如实做了记录，并在当年发表的题为《论紫外光对放电现象的效应》一文中首次描述了这一发现。

光电流与光电效应

赫兹本人对他的发现并没有继续研究，但这一现象却引起其他科学家的极大兴趣。赫兹的助手勒纳于 1889 年开始这方面的研究。他先认为这一现象是由阴极射线引起的，但到 1894 年用实验证明这种看法并不符合实际。1899 年，英国物理学家，即发现电子的老汤姆孙用磁偏转法测定从电极放出的火花是由与阴极射线相同的一类带电粒子组成。在老汤姆孙的启示下，勒纳 1900 年用类似的方法测出了这种带电粒子的荷质比，其值与电子的荷质比一样，勒纳认为这种火花就是光电流。

接着勒纳开始新的研究，试图找出产生光电流的基本规律。他在实验中发现，当光射到处在高度真空管内的阴极 C 的表面时，就有电子发射出来，在加速电场作用下这些电子移向阳极 A 并在外电路中形成电流。勒纳的实验告诉人们，赫兹的发现实际上是在光的作用下电子从金属表面的发射现象，并称之为光电效应。

接着，科学家对光电效应进行了更广泛的研究，很快发现了这种现象的主要特征。比如，对于不同材料制作的阴极都存在一个截止频率，当入射光的频率低于截止频率时，无论光的强度多大也不论照射多长时间，都不会产生光电流；但只要入射光的频率大于截止频率，无论入射光的强度多小都能产生光电流。而且从光照到金属表面开始到光电流的产生几乎是同时的，最长的时间间隔也不超过 10^{-9} 秒的数量级。

在取得光电效应的实验证据后，科学家开始对其进行理论分析。他们认为电子从金属表面逸出是入射光波的电场分量与电子间谐振的结果，但如果确是这样，电子发射只会发生在入射光的单个不连续的频率上。即使在最好的情况下，也只能出现在某些相当窄的频带上。而现在的事实是，只要入射光的频率大于截止频率，所有频率的入射光都能产生光电流。

科学家认为光电效应的能量传递过程也是由共振引起的，但这种看法在研究时间关系时导致了一个更为惊奇的结论：即使入射光的频率大于截止频率，波长等于电子的线度，若电子能全部吸收照射到它上面的能量，那么电子需要 500 年才能积累到逸出金属表面的能量。而实验事实是这两者几乎同时发生，根本无须时间积累。看似完善的经典理论对光电效应问题竟如此无能为力，大大出乎科学家的意料！科学家们叹息，晴朗的物理学天空出现了一朵乌云，经典物理学陷入了困境。正在科学家一筹莫展时，年轻的德国物理学家爱因斯坦以超人的智慧，提出了光量子理论并对光电效应做出了令人信服的理论解释。

科学巨匠的青少年时代

阿尔伯特·爱因斯坦 1879 年 3 月 14 日出生于德国的乌尔姆城，父母都

是犹太人。1880 年爱因斯坦全家迁居慕尼黑，在那里他父亲和叔叔合办一家小工厂。6 岁那年，爱因斯坦在慕尼黑开始了学生时代。

小时候的爱因斯坦性情沉静，加上他表现木讷也不太合群，因而不为学校的老师喜欢。甚至有一次他父亲无意当中问校长："这个孩子长大后应该选择什么职业?"校长竟然直率地说："干什么都一样，他不会有很大的出息。"

但是在另外一些方面，爱因斯坦的表现却远远超过了一般的儿童。爱因斯坦四五岁时父亲给他玩一个小小的指南针，他对指针始终指向北方感到惊奇。他边看边琢磨并对父亲说："我看这针的周围一定有什么东西在推它。"爱因斯坦后来回忆这件事说道："指针是那样顽固，它给我留下了卓然不移的印象。"爱因斯坦还有极好的音乐天赋，他 6 岁起跟随酷爱音乐的母亲学小提琴，几年工夫，他的技艺已达到登台伴奏的水平。可以说，从孩提时代起小提琴就成为他的终身伴侣。

爱因斯坦喜欢古典文学特别是歌德的作品。在三年级时，爱因斯坦得到一本精装的几何课本，从第一页起欧几里得在抽象思维的峭壁上所画的每一条线都强烈地吸引着他。在中学他的几何是最好的，他经常因为对问题有独特的见解而得到老师的赞扬并得到最高分。十四五岁爱因斯坦就自学了高等数学，懂得了微积分，拥有比同龄孩子多得多的知识。16 岁时，同学们正在忙于应付功课，而爱因斯坦已想到：如果我以真空中光的速度追随一条光线，那么看到的将是一个在空间振荡而停滞不前的电磁波。伟大的相对论产生于一个孩子，这不能不说这是人类科学史上的奇迹！

1896 年爱因斯坦考上了瑞士苏黎士联邦工业大学师范系学习物理。4 年当中除了规定的课程外，他专心致志地阅读了基尔霍夫、亥姆霍兹等物理学大师的著作，同时还有菁芜混杂的哲学著作。正是这些著作，使得爱因斯坦从青年时代起就善于思辨、富有哲理，使得他能够站在前人的肩膀上穿过当时物理学晴空中的乌云，看到新时代的曙光。

1900 年 8 月，爱因斯坦大学毕业。尽管他才华横溢，但由于是犹太人总找不到适当的职业。在几乎贫困潦倒的困境中，他当过家庭教师，甚至打算拉小提琴沿街卖艺。1902 年，爱因斯坦在大学同学格罗斯曼的父亲的帮助下，才找到一份正式的工作，在伯尔尼瑞士联邦专利局当一般职员。这对他太重要了，他至少有了生活保证。

这个时候的爱因斯坦年轻、精力旺盛，他常常用3～4个小时就干完8个小时的本职工作，然后开始研究自己关心的物理问题。但在办公室是不能干私活的，他便用一张张的小纸片写呀算呀，一旦有人来，小纸片便掉进抽屉。在专利局的7年中，爱因斯坦的科学论文一篇接一篇发表了。每一篇都涉及物理学的最前沿问题，每一篇都具有划时代的科学意义，每一篇都使经典物理学的大山底下爆发一次猛烈的震动。

光量子与光电效应的解释

随着19世纪的逝去和20世纪的来临，经典物理学越来越清楚地显示出其内在的缺陷，诸如迈克尔孙—莫雷实验、黑体辐射、光电效应等问题极大地困扰着科学家，然而正是在这种情况下一些有卓越见识的物理学家开始建立新的物理理论以摆脱困境。1900年，德国物理学家普朗克在研究黑体辐射时得出一个非常惊人的结论：黑体空腔的能量在辐射过程中是不连续的，而是一份一份的能量子，能量子的值取决于辐射场的频率。但是能量分立的结论与经典物理学能量连续的观念是如此抵触，以致于能量子的出现被认为是科学上的“怪胎”。即使普朗克本人对此在相当长的一段时间也表现犹疑。他曾对自己的儿子说：“我现在做的事情，或者是毫无意义，或者可能成为自牛顿之后物理学的最大发现。”

爱因斯坦接触到普朗克的理论后，似乎看到了物理学的另一个全新世界，他开始用能量子来构造这个世界。

1905年，爱因斯坦发表了一篇题为《关于光的产生和转换的一个启发性观点》的文章。他在文章中论述道：“不仅黑体辐射的能量是分立的，而且所有电磁辐射的能量都应是分立的。光是一定波长的电磁波，光在传播过程中具有波动性，但是光的能量并不是均匀分布在波阵面上，而是由个数有限的、局限于空间各点的能量子——光量子所组成，每个光量子携带的能量为hv（h为普朗克常量，v为光的频率）。当光照到金属上，金属中的电子要么吸收一个光量子，要么完全不吸收。如果光量子的能量hv大于

金属表面对电子的逸出功，电子就能脱离金属表面。由于电子吸收两个光量子的概率极小，更不要说电子有可能吸收多个光量子积累能量，因而光量子的能量 $h\nu$ 小于一定值时，无论多么强的光都不能使电子逃逸金属表面。”

根据这一观点，爱因斯坦写出了著名的光电效应方程：$h\nu=\varphi+\frac{1}{2}mv^2$。$h\nu$ 为光量子的能量，φ 为金属表面对电子的逸出功，$\frac{1}{2}mv^2$ 为电子离开金属表面时具有的动能。

爱因斯坦以全新的物理观念解释清楚了光电效应表现的一切现象，可是这个理论不是出自于某个大物理学家，而是一个年仅 26 岁的专利局小职员那里，因而没有得到科学界的承认，即使相信量子论的一些物理学家包括普朗克本人也对此持反对态度。爱因斯坦的理论需要实验的证实，然而他却没有任何的实验条件并且也不擅长于实验。但是，一个伟大的物理理论最终是不会被扼杀在萌芽中的。

实验物理学家的贡献

爱因斯坦的文章发表后，光量子理论得到美国芝加哥大学的密立根教授的高度重视。从 1905 年起他就开始从事光电效应的定量研究以证实爱因斯坦的理论正确与否。

密立根教授是一位具有非凡才能的实验物理学家，但是验证爱因斯坦理论的实验太难了，甚至超过了他测定电子基元电荷的工作。在经过较长时间的考虑之后，密立根认为实验的关键是如何清除金属表面的氧化层，因而他设计的整个实验都是在高度真空的条件下进行的，并且依靠他独创的“真空机械车间”使实验获得圆满成功。但是这项伟大的工作决不是一朝一夕而是花费了密立根教授近十年的心血。

从 1907 年至 1912 年的 5 年间，密立根教授不断发表这项工作的消息，最后的实验结果是 1914 年首次报告于美国物理学会学术会议。密立根的实验相当成功，精确的数据表明爱因斯坦的光电效应方程所包括的五个主要内容是正确的。这不但使得光量子理论和光电效应方程得到科学界的广泛承认，也使得爱因斯坦因此荣获 1921 年诺贝尔物理学奖，而且密立根教授也因为这项工作及测量出电子基元电荷而获 1923 年诺贝尔物理学奖。

伟大的科学发现

爱因斯坦的光量子理论及光电效应方程有着极其重大的科学意义。首先它变革了人们思想上根深蒂固的经典观念，认识到物质微观世界的能量是离散式的而不是连续的。这一认识直接导致现代物理学的诞生，并使 20 世纪的科学进入一个崭新的时代。

爱因斯坦光电效应方程的实验验证使得光量子不仅成功出现于物理理论，更使其成为真实的客观实体。光量子的真实性为自牛顿时代以来争论不休的光的本性问题做出了最终裁决：光既是波动又是粒子，具有波粒二象性。1924 年法国物理学家德布罗意根据光的波粒二象性，提出了实物粒子也同光一样具有波粒二象性，这一假设其后得到英国物理学家小汤姆孙和美国物理学家戴维森的证实，使得人类对物质世界的认识进入一个更深的层次，并建立起现代物理学最重要的理论量子力学。今天我们熟悉的客观世界是由原子和分子构成的精巧建筑物，而量子力学便是营造这些建筑物的法规。

对于今天的科学技术来说，光电效应的重要性也日益增大，由光电效应发展而成的光电子发射谱技术已成为实验物理学最先进、最富有成就的领域之一。这种科学手段在探测原子、分子、固体和金属表面的电子结构方面起着极其重要的作用，有力地促进了材料科学、半导体科学的飞速发展。除了在高科技领域大显身手外，根据光电效应原理制成的各种各样的光电管正在走进我们的日常生活，并不断改善与提高着我们的生活质量。测到在质子和反质子相互湮灭时，粒子团之间存在的微弱的相互作用，就能间接地证明暗物质存在。科学家们猜测，宇宙间 90% 的物质是由神秘的暗物质组成的。

电子波动性的发现

19 世纪末与 20 世纪相交之际，X 射线、电子、放射性三大发现彻底改

变了以往人们对于物理学的看法，科学家们认为应以它们为基础再建造一座崭新的现代物理学大厦。于是其后接踵而来的 20 多年就成为物理学发展史上最令人激动的时期之一。这一阶段，新思想、新理论此起彼伏、层出不穷；新实验、新发现一个接着一个，使人目不暇接。电子波动性的发现就是这其中之一。

大胆的科学假设

1900 年，德国物理学家普朗克在德国物理学会会议上公布了一个令人震惊的结果：黑体辐射中所放出的能量是不连续的，而是以一个与辐射频率有关、以 $h\nu$ 为最小能量单位一份一份地发出的。普朗克为人们描绘的自然界是离散式的。1905 年爱因斯坦以量子论成功地解决了光电效应问题及 1906 年密立根对爱因斯坦光电效应方程的实验验证，使得光的粒子性被人们普遍接受。另一方面，1912 年德国物理学家劳厄的 X 射线衍射实验和 1922 年美国的物理学家康普顿的 X 射线散射实验，使人们对电磁辐射的波动、粒子二象性有了清楚理解。

这一切都似乎在不显山水地提醒科学家注意：既然像光这类电磁辐射都具有微粒性，那么，实物粒子为什么不具有波动性呢？对此，科学家们心照不宣，他们需要足够的勇气。

1924 年，法国巴黎大学年轻的研究生、在物理学界还是无名小卒的德布罗意经过较长时间的思考之后，果然在他的博士学位答辩论文中提出一个大胆的设想：实物粒子具有波动性。他认为 19 世纪在对光的研究上，只重视了它的波动性而看轻了其粒子性，而对实物粒子的研究上却只看重了它的粒子性而轻视了其波动性。

德布罗意还提醒答辩委员会注意，他的假设可以通过电子的运动加以证实，并天才地预言当电子束从小孔穿过时就能呈现出衍射效应——表现出波动性。由于德布罗意的假设在当时过于超前离奇，以致答辩委员会在决定是否应授予他学位时举棋不定而不得不征求大名鼎鼎的爱因斯坦的意见。爱因斯坦尽管认为这一假设对真实粒子的适用性如何，尚是一个需要实验验证的悬念，但同意授予德布罗意博士学位。

科学上的每一个假设必须得到实验的证实，否则它便无法成立。那么谁来对实物粒子具有波动性这一假设来验证呢？当时几乎没有人认为这是可能做到的，也没有人关心这方面的实验，直到四年之后，美国的物理学家戴维孙和英国物理学家G·P·汤姆孙用不同的方法证实了电子具有波动性。

成功来自于失败

1881年12月22日，戴维孙出生于美国伊利诺州的卢明顿，他的父亲是荷兰和法国移民的后裔，母亲是英格兰和苏格兰人的后裔。1902年，戴维孙中学毕业后由于数学和物理成绩优异获得奖学金进入芝加哥大学学习，但由于经济困难，一年之后又不得不回到家乡谋职求生。由于他在芝加哥大学曾受教于著名实验物理学家密立根教授，而且在离开芝加哥大学后始终得到密立根教授的关怀和帮助，因而戴维孙并未中断自己的学习和科学研究。1927年，当他转到贝尔电话实验室任职时，其科学研究的能力和水平已令人刮目相看。

中国有一句成语叫“塞翁失马，焉知非福”，戴维孙的电子波动性的发现，正好应验了这句话。他是在一次不幸的实验事故中取得成功的。

1925年的一天，戴维孙和他的助手革末正在实验室做电子的晶体散射实验，研究电子经普通镍靶散射后角分布的规律。由于靶子温度很高，真空管突然破裂，从破裂口进去的空气又使镍靶严重氧化。他们不得不维修设备，由于使用的镍靶是经过特殊抛光的。在修复真空管时，还必须使镍靶在真空中长时间加热以去净表面的氧化物。

两个月后他们恢复了实验，但第一次的实验结果就使他们大吃一惊，电子的角分布曲线几乎变成了X射线的衍射花样。他们对此迷惑不解，因为经过反复检查后，并没有发现X射线，有的只是电子流。为了查明原因，他们不惜又一次中断实验，锯开真空管，并请来有名气的显微镜专家鲁卡斯帮助找原因。在鲁卡斯的协助下，他们发现镍靶已在修复当中因加热发生了变化，原来磨得极光、包含许多小晶粒的镍靶表面已变成了几块较大的单晶体。他们推测，这种新的散射花样可能是由于镍靶晶体中原子的重

新排列所引起的。

面对这一预想不到的重要的新现象，戴维孙和革末不是回避它，而是积极地去探索。他们不但继续做实验，而且还利用由不同制备过程得到的镍靶的实验结果与之进行比较。但是两年过去了，他们所有的努力都付之东流，再也没有获得那次偶然事件的实验曲线。

1926 年春季，戴维孙到英国度假，期间他顺便参加了在牛津举行的英国科学促进会。当他听了物理学家玻尔的报告后，感到十分惊讶，因为早在两年前德布罗意就提出了实物粒子具有波动性的假设，而自己在美洲大陆竟对此一无所知。并且他正在做的工作与德布罗意建议的实验是如此相近，以致于他似乎觉得那种特殊的曲线也许能验证德布罗意的假设。

回到美国之后，戴维孙和革末立即恢复工作，他们的目的非常明确，设法用实验证实德布罗意的假设。戴维孙在实验中通过改变加速电压使电子具有不同的能量。1927 年 1 月，他们终于发现当电压为 65 伏时，在与电子流入射法线为 45 度的散射方向上出现了最强的电子束。经过初步的理论分析，他们认为这与发现电子具有波动性的距离已经很近了。

到了这年 8 月份，他们共获得 30 种这类电子射束的曲线，更使他们惊喜不已的是其中的 29 种竟可以用德布罗意的理论给出圆满的解释，结论可靠无误，电子确有波动性。12 月份，他们在《物理评论》上发表了关于实验结果和理论分析的文章，得到了物理学界的强烈反响，事实上，物理学家早就急切地等待这一奇迹的出现。在此还要提到另一位英国物理学家汤姆孙，他是那位因发现电子而荣获 1906 年诺贝尔物理学奖的老汤姆孙的儿子。小汤姆孙从小就受到良好的科学教育，成年后又跟随父亲老汤姆孙在卡文迪许实验室从事物理学研究。1922 年，年仅 30 岁的小汤姆逊已是阿伯丁大学的物理学教授。1926 年，小汤姆孙出席了在牛津举行的科学促进会，并与当时许多参加会议的著名物理学家讨论德布罗意的理论。会议结束后，小汤姆孙突然想到如果电子具有波动性，那就会产生衍射效应，于是他立即开始工作。但他使用的样品不是单晶体，而是一张薄金属箔，这样的样品是由无数取向杂乱的微细晶体组成的。

在实验中，小汤姆孙保持电子的能量不变，电子流穿过样品后在照相

板上形成了同心环纹。这与德拜的 X 射线粉末衍射图样完全相似，因而小汤姆孙就用另一种方法证实了电子具有波动性。

现代科学的基石

电子波动性的发现是 20 世纪物理学上最伟大的发现之一。正是由于有了可靠的实验支持，德布罗意的理论才得到科学界的承认。并且，以德布罗意的理论为基础迅速地发展起来现代物理学上最重要的理论量子力学。

根据我们日常的经验，微小的物质世界已经超出人们的感觉。但是我们能够触及和看到的所有一切，包括传递触觉的神经脉冲和光在内，其特性都归结于原子和分子构成的精巧建筑物，而量子力学便是营造出这些建筑物的法规。至于那些直接依赖原子过程的宏观现象，例如激光、超导材料、固体电子学等现代科学技术的研究更是要用到量子力学。因而我们应当说，如果没有电子波动性的发现，就不会有现代科学的今天。

电子具有波动性这一功能本身也广泛地应用于现代科学技术之中，电子显微镜便是其中之一。

电子波动性的发现，使得德布罗意由于提出实物粒子具有波动性这一假设得以证实，并因此而获得 1929 年诺贝尔物理学奖。而戴维孙和小汤姆孙由于发现了电子的波动性也同获 1937 年诺贝尔物理学奖。但是两位物理学家一个在欧洲大陆，一个在美洲大陆，并且在根本不了解对方工作的情况下，采用不同的方法但却是几乎同时完成一个伟大的发现，也是科学史上一个少见的巧合。另外，父亲老汤姆孙因发现电子是粒子而不是波动获得诺贝尔奖，而儿子小汤姆孙又因发现电子既是粒子又是波动也获得诺贝尔奖，更是物理学上的一件趣事。

宇宙线的发现

1912 年，德国科学家韦克多·汉斯带着电离室在乘气球升空测定空气电离度的实验中，发现电离室内的电流随海拔升高而变大，从而认定电流

是来自地球以外的一种穿透性极强的射线所产生的，于是有人为之取名为“宇宙射线”。

所谓宇宙射线，指的是来自于宇宙中的一种具有相当大能量的带电粒子流。1912 年，德国科学家韦克多·汉斯带着电离室在乘气球升空测定空气电离度的实验中，发现电离室内的电流随海拔升高而变大，从而认定电流是来自地球以外的一种穿透性极强的射线所产生的，于是有人为之取名为“宇宙射线”。

宇宙射线一般指约在 46 亿年前刚从太阳星云形成的地球。初生的地球，固体物质聚集成内核，外周则是大量的氢、氦等气体，称为第一代大气。

那时，由于地球质量还不够大，还缺乏足够的引力将大气吸住，又有强烈的太阳风（是太阳因高温膨胀而不断向外抛出的粒子流，在太阳附近的速度为 350 ~ 450 千米/秒），所以以氢、氦为主的第一代大气很快就被吹到宇宙空间。地球在继续旋转和聚集的过程中，由于本身的凝聚收缩和内部放射性物质（如铀、钍等）的蜕变生热，原始地球不断增温，其内部甚至达到炽热的程度。于是重物质就沉向内部，形成地核和地幔，较轻的物质则分布在表面，形成地壳。

初形成的地壳比较薄弱，而地球内部温度又很高，因此火山活动频繁。从火山喷出的许多气体，构成了第二代大气即原始大气。

原始大气是无游离氧的还原性大气，大多以化合物的形式存在，分子量大一些，运动也慢一些，而此时地球的质量和引力已足以吸住大气，所以原始大气的各种成分不易逃逸。以后，地球外表温度逐渐降低，水蒸气凝结成雨，降落到地球表面低凹的地方，便成了河、湖和原始海洋。当时由于大气中无游离氧（O_2），因而高空中也没有臭氧（O_3）层来阻挡和吸收太阳辐射的紫外线，所以紫外线能直射到地球表面，成为合成有机物的能源。此外，天空放电、火山爆发所放出的热量，宇宙间的宇宙射线（来自宇宙空间的高能粒子流，其来源目前还不了解）以及陨星穿过大气层时所引起的冲击波（会产生几千到几万摄氏度的高温）等，也都有助于有机物的合成。但其中天空放电可能是最重要的，因为这种能源所提供的能量较多，又在靠近海洋表面的地方释放，在那里作用于还原性大气所合成的有机物，很容易被冲淋到原始海洋之中。

现代的宇宙线探测方式

直接探测法——1014eV 以下的宇宙射线，通量足够大，可用面积为平方米左右的粒子探测器，直接探测原始宇宙射线。这类探测器需要人造卫星或高空气球运载，以避免大气层吸收宇宙射线。

间接探测法——1014eV 以上的宇宙射线，由于通量小，必须使用间接测量，分析原始宇宙射线与大气的作用来反推原始宇宙射线的性质。当宇宙射线撞击大气的原子核后产生一些重子、轻子及光子（γ 射线）。这些次级粒子再重复作用产生更多次级粒子，直到平均能量等于某些临界值，次级粒子的数目达到最大值，称为簇射极大，在此之后粒子逐渐衰变或被大气吸收，使次级粒子的数目逐渐下降，这种反应称为“空气簇射”。地球地表的主要辐射源是放射性矿物，空气簇射的次级粒子是高空的主要辐射源，海拔 20 千米处辐射最强，100 千米以上的太空辐射则以太阳风及宇宙射线为主。

J/ψ 粒子的发现

在发现了电子及构成原子核的质子、中子后，物理学的研究进入了更小、更复杂的亚核粒子世界。但是物理学家很快就发现，以往的研究手段在亚核粒子领域无能为力。于是从 20 世纪 40 年代起，物理学家便制造出一种更为先进的实验工具——加速器。美籍华裔物理学家丁肇中博士就是一位操纵着加速器驰骋于亚核粒子世界的实验物理学大师。

童年的童话

丁肇中是美籍华人，但是他的美国国籍却是由于意外的出生而得到的。1936 年，在中国当教授的父母去美国密执安大学安阿伯学院进行学术访问。本来父母亲都以为孩子应该在访问结束后出生在中国，但在美国，母亲却偏偏早产了。由于美国的法律规定凡在美国境内出生者都可享有美国国籍，

于是从出生的第一天起，丁肇中就是美国公民。

丁肇中的童年是在抗日战争期间度过的，他能回忆起跟随父母去过的很多地方，但却鲜有学校和教室的印记。那是因为日本飞机经常轰炸，他只上了几天一年级就不得不离开了学校。1945 年，丁肇中一家迁居台湾。父母亲仍在大学当教授，他也终于能上学了，那时他刚好 9 岁。尽管他的起步比同龄者要晚，而且基础差得多，但他聪明好学，很快就成为品学兼优的好学生。

志趣的改变

1956 年 9 月，丁肇中在台湾中学毕业。他觉得自己应该在一所更好的大学学习，于是怀揣父母给的 100 美元来到他的出生地美国密执安大学上学。本来他读的是工学院，但由于英语水平低，又看不懂工程图，所以考试差点不能及格。于是第二学期他仅选学自己觉得容易的数学和物理。他认为如果不这样，就无法取得好成绩，会失去奖学金。在这种情况下，指导老师让他第二年转到物理学系。但丁肇中后来讲，他真正对物理学有兴趣是在大学三年级。

丁肇中本来有志于理论物理，但后来却转向了实验物理。那是 1960 年 4 月，他正在密执安大学读研究生时，马丁教授急需找一名助手，而且条件非常优厚。在加利福尼亚的伯克利做一个暑假的实验，有 300 美元的工资，并提供来回机票。这些不薄的条件使丁肇中第一次进入实验物理学领域。

暑假结束后，丁肇中决定在伯克利继续干下去。这倒不是他真的喜欢上了实验物理学，而是马丁教授看中了这个具有东方血统的年轻人，教授极力挽留他并许诺，如果工作再努力，就能很快地取得硕士学位。还有什么话比这能使一名研究生更为欣喜呢？

丁肇中对自己职业的决定非常慎重，到底是从事理论物理还是实验物理，他询问了著名的物理学家、电子自旋的发现者乌伦贝克教授。教授告诉他："做一名普通的物理实验员比一名平常的理论物理学家更重要，在理论物理学领域，只有极少数的理论物理学家是重要的。但你在实验室里，不论能做点什么，都是一种贡献。”丁肇中想有所贡献，于是选定了实验物理，并且一直从事亚核粒子物理学研究。

圆青年时代的梦

从青年时代起，丁肇中对光子就有了深刻的印象。因为物理学的许多发展或多或少都与人们对光的认识有关，这种看法吸引他最后走上了研究光子、重光子（性质与光子相同，但有一定质量）的道路。“自然界中到底有多少种重光子，它们有什么性质？”这样的问题经常在他的大脑中出现。

1971 年，丁肇中终于有机会去实现自己的理想。他受麻省理工学院之聘，主持该院布鲁克海文国家实验室的研究工作。当时理论上已经认为，两个质子相碰撞，会产生正、负电子对，而当正、负电子因相遇湮灭时有可能产生新的类光子粒子。以往进行的这类实验由于使用的电子对撞机能量有限，很难获得成功。但是丁肇中认为，尽管每十几亿次质子的碰撞才有一次机会出现正、负电子对，但布鲁克海文有能量为 300 亿电子伏特的质子加速器，可以提供强大的质子流，实验极有可能成功。

1972 年，当丁肇中提出要进行这项工作时，受到了很多的批评和责难。首先有人认为他的这项工作复杂，成功可能性不大。丁肇中的回答十分简单：“在美国波士顿的雨季，也许一秒内降下的雨有一百亿滴，假如其中有一滴的颜色稍有不同，我们要找的就是这一滴。”还有人认为像他那为了谋求微小的目标，动辄耗资千百万美金，不惜动用庞大的实验设备和人力，实在是不值得。但丁肇中的看法却是，物理学的研究坚持这样一条反比定律：珍宝越小，锁头越大。丁肇中就是要做一个最好的锁匠。

J 粒子的发现

1972 年，丁肇中的“冒险”工程启动了。首先为了防止来自加速器的强大粒子流危及工作人员的安全，为了排除所有来自外界的对探测仪可能的干扰，他们采取了严密的防护措施，用 1 万吨混凝土、100 多吨铅和 5 吨肥皂把整个工作室屏蔽起来。

为了避免错过任何一次有价值的发现，丁肇中还制定了一套严格的工作制度，每30分钟检查一次仪器的工作情况，并规定物理学家必须跟班检查。另外他还吸取别人的经验教训，不在探测仪的灵敏度上下太大功夫，而是努力提高它的分辨本领，事实证明丁肇中是正确的。1974年夏天，所有的实验设备开动了。起初他们试图在40亿~50亿电子伏特能量之间发现新东西，因为从理论上讲在这个量程里成功率最大，但是大半个夏天过去了，什么也没有发现。到了8月份，丁肇中及时修改实验方案，把能量降到30亿~40亿电子伏特之间。很快，探测仪开始显示出结果，当把能量调到31亿电子伏特时，仪器记录到的正、负电子对数突然成倍增加，并且集中在一个宽度为500万电子伏特的能量区间。在排除了各种可能的因素后，丁肇中预感新的发现就要诞生了。

也许是作为实验物理学家慎重所致，丁肇中不急于宣布他们的发现。到了11月，他们已有了500个这种同类事件的记录。测量数据表明，他们的发现是一种新的、完全没有预料到的粒子。这种新粒子的质量为质子的3倍多，寿命约为10^{12}。秒。丁肇中命名这种粒子为J粒子，这是一个有意义的名字，J既是他的英文名的第一个字母，又与他的中文姓“丁”极为相似。

J粒子与J/ψ粒子

1974年11月初，丁肇中去斯坦福加速器中心参加学术会议，加速器专家里奇特教授也在这儿进行着与他类似的工作。会议之暇，丁肇中在斯坦福直线加速器实验室见到里奇特。他拿出自己的实验报告说：“教授，我有件工作上的要闻告诉你，你会对它有兴趣。”里奇特看过报告后，立即表现出极度的兴奋。他说：“丁博士，我也有重要的情况告诉你。”里奇特的报告和丁肇中的报告并排放在一起，所有的实验结果、测量数据、理论分析完全一样。唯一的区别是丁肇中的发现为J（吉）粒子，里奇特的发现为ψ（普赛）粒子

丁肇中感到事不宜迟，立即打电话告诉麻省的助手迅速公布成果。11月10日，《物理评论快报》公布了J粒子的发现，几乎与此同时里奇特也公

布了自己的发现。由于发现的是同一种粒子，两人又未能在命名上达成一致，这种新粒子最后命名为 J/ψ 粒子。也就是说，在美国东海岸的麻省，人们叫它 J，而在西部的斯坦福，人们又叫它 ψ。如果你弄不清楚，就叫这种粒子为“吉普赛”好了。

J/ψ 粒子与诺贝尔奖

J/ψ 粒子的发现，显示出物质结构的丰富多彩，使人们对基本粒子的认识前进了一大步。科学家通过对 J/ψ 粒子的深入研究，找到了通向物质微观领域更深层次的一条有效途径。1976 年，丁肇中和里奇特由于这一不约而同的发现而共同获得诺贝尔物理学奖。

在 J/ψ 粒子的发现之前，物理学上已经很长时间没有新粒子出现，从 1957 年发现反质子之后，活跃的物理学就进入“冬眠”状态，而 J/ψ 粒子的发现，标志着这一时期已经结束。全世界各国的物理学家纷纷放下手头的工作，改进原来的设备参与对 J/ψ 粒子的研究。他们确实发现了十几个与 J/ψ 粒子有关的新粒子，但它们都是 J/ψ 家庭的成员。

J/ψ 粒子的发现和诺贝尔奖金的获得，使得丁肇中瞬间成为全世界知名的科学家。但丁肇中对此却很漠然，他认为不断有新的发现只不过是实验物理学家的日常工作。

量子电动力学

量子电动力学是量子场论中最成熟的一个分支，它研究的对象是电磁相互作用的量子性质（即光子的发射和吸收）、带电粒子的产生和湮没、带电粒子间的散射、带电粒子与光子间的散射等等。它概括了原子物理、分子物理、固体物理、核物理和粒子物理各个领域中的电磁相互作用的基本原理。

量子电动力学是从量子力学发展而来的。量子力学可以用微扰方法来处理光的吸收和受激发射，但却不能处理光的自发射。电磁场的量子化会遇到所谓的真空涨落问题。在用微扰方法计算高一级近似时，往往会出现

发散困难，即计算结果变成无穷大，因而失去了确定意义。后来，人们利用电荷守恒消去了无穷大，并证明光子的静止质量为零，由此量子电动力学得以确立。量子电动力学克服了无穷大困难，理论结果可以计算到任意精度，并与实验符合得很好，量子电动力学的理论预言也被实验所证实。到 20 世纪 40 年代末 50 年代初，完备的量子电动力学理论被确立，并大获全胜。

量子电动力学认为，两个带电粒子（比如两个电子）是通过互相交换光子而相互作用的。这种交换可以有很多种不同的方式。最简单的是其中一个电子发射出一个光子，另一个电子吸收这个光子。稍微复杂一点，一个电子发射出一个光子后，那光子又可以变成一对电子和正电子，这个正负电子对可以随后一起湮灭为光子，也可以由其中的那个正电子与原先的一个电子一起湮灭，使得结果看起来像是原先的电子运动到了新产生的那个电子的位置。更复杂的是，产生出来的正负电子对还可以进一步发射光子，光子可以再变成正负电子对……而所有这些复杂的过程，最终表现为两个电子之间的相互作用。量子电动力学的计算表明，不同复杂程度的交换方式，对最终作用的贡献是不一样的。它们的贡献随着过程中光子的吸收或发射次数呈指数式下降，而这个指数的底，正好就是精细结构常数。或者说，在量子电动力学中，任何电磁现象都可以用精细结构常数的幂级数来表达。这样一来，精细结构常数就具有了全新的含义：它是电磁相互作用中电荷之间耦合强度的一种度量，或者说，它就是电磁相互作用的强度。

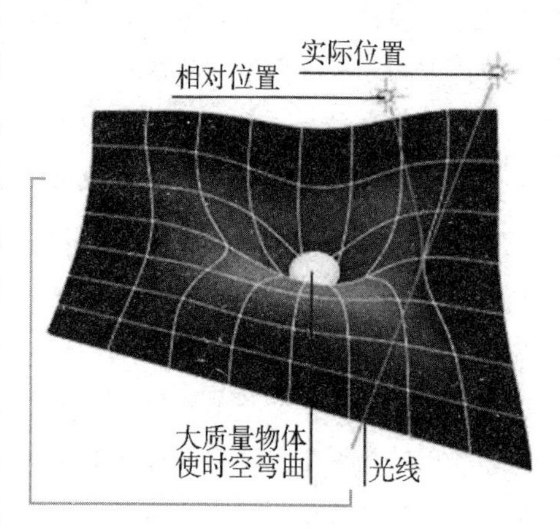

弯曲空间模拟图

1965 年诺贝尔物理学奖授予日本东京教育大学的朝永振一郎、美国马萨诸塞州坎布里奇哈佛大学的施温格和美国加利福尼亚州帕萨迪那加州理工学院的费曼，以表彰他们在量子电动力学所做的基础工作，这些工作对基本粒子物理学的发展具有深远的影响。

爱因斯坦的相对论

汽车是运动的，树木是静止的，这样说大家都能接受，但如果反过来说树木是运动的，汽车是静止的，则会有很多人说你痴人说梦。其实在物理学上这两种说法都是正确的，只是所选的参照系不同而已。这也是爱因斯坦伟大的相对论创建的基本出发点。

相对论是关于时空和引力的理论，主要由爱因斯坦创立，依其研究对象的不同可分为狭义相对论和广义相对论。相对论和量子力学的提出给物理学带来了革命性的变化，它们共同奠定了近代物理学的基础。相对论极大地改变了人类对宇宙和自然的“常识性”观念，提出了“同时的相对性”、“四维时空”、“弯曲时空”等全新的概念。不过近年来，人们对于物理理论的分类有了一种新的认识——以其理论是否是决定论的来划分经典与非经典的物理学，即“非经典的＝量子的”。在这个意义下，相对论仍然是一种经典的理论。

狭义与广义相对论的分野

传统上，在爱因斯坦刚刚提出相对论的初期，人们以所讨论的问题是否涉及非惯性参考系来作为狭义与广义相对论分类的标志。随着相对论理论的发展，这种分类方法越来越显出其缺点——参考系是跟观察者有关的。以这样一个相对的物理对象来划分物理理论，被认为较不能反映问题的本质。目前一般认为，狭义与广义相对论的区别在于所讨论的问题是否涉及引力（弯曲时空），即狭义相对论只涉及那些没有引力作用或者引力作用可以忽略的问题，而广义相对论则是讨论有引力作用时的物理学的。用相对论的语言来说，就是狭义相对论的背景时空是平直的，即四维平凡流型配以闵氏度规，其曲率张量为零，又称闵氏时空；而广义相对论的背景时空则是弯曲的，其曲率张量不为零。

狭义相对论

爱因斯坦在他 1905 年的论文《论动体的电动力学》中介绍了其狭义相对论。狭义相对论建立在如下的两个基本假设上：

（1）狭义相对性原理（狭义协变性原理）。一切的惯性参考系都是平权的，即物理规律的形式在任何的惯性参考系中是相同的。这意味着物理规律对于一位静止在实验室里的观察者和一个相对于实验室高速匀速运动着的电子是相同的。

（2）光速不变原理。真空中的光速在任何参考系下是恒定不变的，这用几何语言可以表述为光子在时空中的世界线总是类光的。也正是由于光子有这样的实验性质，在国际单位制中使用了“光在真空中 1/2、9979、2458 秒内所走过的距离”来定义长度单位“米”。

在狭义相对论提出以前，人们认为时间和空间是各自独立的绝对的存在。而爱因斯坦的相对论首次提出了时空的概念，它认为时间和空间各自都不是绝对的，而绝对的是一个它们的整体——时空，在时空中运动的观者可以建立“自己的”参照系，可以定义“自己的”时间和空间（即对四维时空做“3 + 1 分解”），而不同的观者所定义的时间和空间可以是不同的。具体地说，在闵氏时空中，如果一个惯性观者相对于另一个惯性观者在做匀速运动，则他们所定义的时间和空间之间满足洛伦兹变换。而在这一变换关系下就可以推导出“尺缩”、“钟慢”等效应。

在爱因斯坦以前，人们广泛地关注于麦克斯韦方程组在伽利略变换下不协变的问题，也有人注意到爱因斯坦提出狭义相对论所基于的实验（如光程差实验等），也有人推导出过与爱因斯坦类似的数学表达式（如洛伦兹变换），但只有爱因斯坦将这些因素与经典物理的时空观结合起来提出了狭义相对论，并极大地改变了我们的时空观。在这一点上，狭义相对论是革命性的。

广义相对论

在本质上，所有的物理学问题都涉及采用什么时空观的问题。在 20 世纪以前的经典物理学里，人们采用的是牛顿的绝对时空观。而相对论的提出改变了这种时空观，这就导致人们必须依相对论的要求对经典物理学的公式进行改写，以使其具有相对论所要求的洛伦兹协变性而不是以往的伽利略协变性。在经典理论物理的三大领域中，电动力学本身就是洛伦兹协变的，无需改写；统计力学有一定的特殊性，但这一特殊性并不带来很多急需解决的原则上的困难；而经典力学的大部分都可以成功地改写为相对论形式，以使其可以用来更好地描述高速运动下的物体，但是唯独牛顿的引力理论无法在狭义相对论的框架体系下改写，这直接导致爱因斯坦扩展其狭义相对论，而得到了广义相对论。

爱因斯坦在 1915 年左右发表的一系列论文中给出了广义相对论最初的形式。他首先注意到了被称为（弱）等效原理的实验事实：引力质量与惯性质量是相等的（目前实验证实，在 10 ~ 12 的精确度范围内，仍没有看到引力质量与惯性质量的差别）。这一事实也可以理解为，当除了引力之外不受其他力时，所有质量足够小（即其本身的质量对引力场的影响可以忽略）的测验物体在同一引力场中以同样的方式运动。既然如此，则不妨认为引力其实并不是一种“力”，而是一种时空效应，即物体的质量（准确地说应当为非零的能动张量）能够产生时空的弯曲，引力源对于测验物体的引力正是这种时空弯曲所造成的一种几何效应。这时，所有的测验物体就在这个弯曲的时空中做惯性运动，其运动轨迹正是该弯曲时空的测地线，它们都遵守测地线方程。正是在这样的思路下，爱因斯坦得到了其广义相对论。

广义相对性原理：任何物理规律都应该用与参考系无关的物理量表示出来。用几何语言描述，即为任何在物理规律中出现的时空量都应当为该时空的度规或者由其导出的物理量。

因为在现有的广义相对论的理论框架下，等效原理是可以由其他假设推出。具体来说，就是如果时空中有一观者，则可在其世界线的一个邻域内建立的局域惯性参考系，而广义相对性原理要求该系中的克氏符在观者的世界线上的值为零。因而现代的相对论学家经常认为其不应列入广义相对论的基本假设，其中比较有代表性的观点是：等效原理在相对

论创立的初期起到了与以往经典物理的桥梁作用，它可以被称为“广义相对论的接生婆”，而现在“在广义相对论这个新生婴儿诞生后把她体面地埋葬掉”。

如果说到了20世纪初，狭义相对论因为经典物理原来固有的矛盾、大量的新实验以及广泛关注而呼之欲出的话，那么，广义相对论的提出则在某种意义下是“理论走在了实验前面”的一次实践。在此之前，虽然有一些后来用以支持广义相对论的实验现象（如水星轨道近日点的进动），但是它们并不总是物理学关注的焦点。而广义相对论的提出，在很大程度上是由于相对论理论自身发展的需要，而并非是出于有一些实验现象急待有理论去解释的现实需要，这在物理学的发展史上是并不多见的。因而在相对论提出之后的一段时间内其进展并不是很快，直到后来天文学上的一系列观测的出现，才使广义相对论有了比较大的发展。到了当代，在对于引力波的观测和对于一些高密度天体的研究中，广义相对论都成为其理论基础之一。而另一方面，广义相对论的提出也为人们重新认识一些如宇宙学、时间旅行等古老的问题提供了新的工具和视角。

相对论直接和间接地催生了量子力学的诞生，也为研究微观世界的高速运动确立全新的数学模型。

化 学 篇

化学对我们认识和利用物质具有重要的作用，世界是由物质组成的，化学则是人类用以认识和改造物质世界的主要方法和手段之一。化学是一门历史悠久而又富有活力的学科，它与人类进步和社会发展的关系非常密切，它的成就是社会文明的重要标志。

从开始用火的原始社会，到使用各种人造物质的现代社会，人类都在享用化学成果。人类的生活能够不断提高和改善，化学的贡献在其中起了重要的作用。

燃烧现象的实质

我们的祖先，很早就知道钻木取火，利用火来烤熟食物、取暖和吓唬野兽等。可是，究竟燃烧是怎么一回事，却谁也弄不清楚，甚至还把火当做神灵来供拜。后来，人们对物质的燃烧和金属的焙烧等过程，虽然也提出不少看法，但都未能接触到它们的实质。其中在化学发展史上影响最大的，要算17世纪德国史塔尔（1660～1734）提出的燃素学说。史塔尔认为，一切可燃的物体中，都含有一种特殊的物质叫做燃素。当物体燃烧（或金属焙烧）时，它本身所含的燃素便飞散出去，等到物体中含有的燃素完全跑掉后，燃烧也就停止了。燃烧过的产物，只须任何含有多量燃素的物质如木炭、烟炱等供给它燃素，它就能复原为原来的物质。例如，锌加热焙烧后，它本身含有的燃素就跑掉了，变成白色的烧渣。如果把这烧渣

和木炭等富有燃素的物质一起加热，锌又被蒸馏出来。

燃素学说在当时被普遍采用，它在某种程度上统一地解释了大量实验事实，并引起了许多新的研究课题，对化学的发展曾起过一定的推动作用。但燃素究竟是一种什么样的物质，人们从来没有在实验室里把它分离出来过。而且所有焙烧过的金属，总是比它焙烧前重些，燃素跑掉了，反而重量增加，个中原由却无法得到合理的解释。这就不能不引起人们对它的怀疑。随着当时许多种气体被发现，人们对金属、氧化物、盐类等物质积累了更多的感性知识，这种虚构的、自我矛盾的燃素学说，就反而成为化学科学向前发展的绊脚石，在它统治化学领域近 100 年之后，终于被彻底否定了。

18 世纪下半叶，法国化学家拉瓦锡（1743 ~ 1794）做了许多关于燃烧和焙烧的实验，他在工作中重视应用定量研究的方法。例如，他通过一个著名的实验证实了关于大气组成的见解。拉瓦锡的实验是这样的：在曲颈甑中装一定量水银，曲颈甑跟钟罩内水银面上的空气连通着，空气的体积也已被测定。将甑加热一段时间后，他发现甑内水银面上生成红色鳞斑状的水银烧渣，经过 12 天后，烧渣不再加多，于是停止加热。这时钟罩内空气缩减到原来体积的 4/5，拉瓦锡把这剩余的气体叫做“大气的碳气”（后来改称氮气）。接着，他把甑内水银烧渣收集起来加热，又得到水银和一种气体，量得这种气体的体积跟加热水银时缩减掉的空气体积相等，它比一般空气更利于呼吸和助燃。把这种气体跟“大气的碳气”混和，就成为一般空气。拉瓦锡认为这种气体就是不久以前英国科学家普列斯特利所发现的氧气。

通过实验，拉瓦锡有力地证明：燃烧不是史塔尔所谓的可燃物放出燃素的分解反应，而恰恰相反，它是可燃的物质跟空气里的氧气所发生的化合反应。由此揭示了燃烧过程的实质，并开始建立起现代的化学体系。从此近代化学便迅速地发展起来。

拉瓦锡在科学上是革命的，在化学发展史上有着令人难忘的功绩。但因为同法国政治上的保守分子和税务总局以及旧政权的其他机构有牵连，在 1794 年，他被送上了断头台。他在科学上和政治上走的是两条截然不同的道路。

元素的确立

17 世纪，在英国伦敦附近的斯泰尔桥有一座楼房，一层是宽敞的大厅和藏书丰富的图书室，二层是卧室。马车夫每个星期都要从伦敦运来一箱又一箱新书，同时装备实验室的工作也在迅速地进行着。这里的主人是谁呢？原来他就是著名的英国化学家、物理学家罗伯特·波义耳。

1627 年 1 月 25 日，波义耳生于爱尔兰斯莫尔的伯爵家庭里。在伊顿学院毕业后，他和家庭教师一起到法国、瑞典、意大利旅行和学习，由此开阔了他的知识视野。他对科学愈来愈发生兴趣，开始研究伽利略的著作。

罗伯特·波义耳

父亲死后，波义耳继承了一大笔遗产。1644 年末，他在伦敦定居，博览了科学、哲学和神学等许多方面的书籍。此后在他的实验室开始进行物理学、化学和农业化学方面的研究工作。他喜欢齐头并进地研究几个课题。通常，他总是先给助手们详细地布置当天任务，然后自己回到书房，口述自己的论文，由秘书记录下来。

波义耳是位学识渊博的科学家，在研究生物学、医学、物理学和化学的同时，对哲学、神学和语言学也有很大兴趣。弗兰西斯·培根是英国哲学家和政治家，堪称英国唯物主义和实验科学的始祖。波义耳则是他的忠实信徒，因此，他把实验室的研究工作看成是头等重要的大事。他的化学实验是饶有趣味的，而且是多种多样的。波义耳认为，化学理应成为哲学

中的一门基础科学，必须从炼金术和医学中脱胎出来。然而，那个时代的人们，尤其是一些科学家却认为，化学只是有助于药剂师制药，有助于炼金术士寻找点金石的一种技能罢了。

为了使化学这门科学真正确立起来，波义耳投入一个又一个紧张的化学实验……

一天，实验室里和往常一样进行着热烈而又紧张的工作：炉子在燃烧，曲颈瓶里的各样物质在加热。波义耳正在准备进行晨间的例行检查时，一个园丁走进书房，把一篮子美丽的深紫色紫罗兰放在一个角落里。波义耳欣赏紫罗兰的妍丽和芬芳，随手摘了一束花就匆忙向实验室走去。他想：现在需要对“矾类”（重金属硫酸盐）加以蒸馏，以取得“矾油”——浓硫酸。波义耳刚把实验室的门打开，缕缕浓烟就从玻璃接受器里冒出来。

“工作进行得怎么样了？威廉。”他说。

“还是从阿姆斯特丹·从鲁道夫·格劳贝尔那里买来的。”

“我想看看这种酸。请往烧瓶里倒上一些。”

波义耳把紫罗兰放在桌上，帮助威廉倒盐酸。刺激性蒸气从瓶口冒出来，慢慢地散在桌子周围。烧瓶里的淡黄色的液体也在冒烟。

“好极了！搞完蒸馏以后，请上楼到我那儿去，我们讨论一下明天的工作计划。”波义耳从桌子上拿起那束紫罗兰，就回到书房里去了。这时，他发现紫罗兰在微微地冒烟，可惜啊，酸沫竟然溅到上面了，应该洗掉才好。他把花放进水杯里，自己则坐在窗前，拿起一本书看了起来。过了一段时间，他放下书本，瞧了一眼装紫罗兰的杯子，真是奇迹！这些紫罗兰竟然成红色的了。波义耳把书扔到一边，拿起芳香的花篮，立即到实验室去了。

波义耳把各种不同的酸用水稀释后，将紫罗兰花放进去，发现紫蓝色的花朵逐渐都变成了红色。“原来是这样，不仅是盐酸，而且其他的酸也可以将紫罗兰的蓝色变成红色。”波义耳得出了结论：“只要把紫罗兰花瓣放进一种溶液中，就能很容易地确定这种溶液是不是酸性的。”

后来，波义耳和他的助手就用水和酒精制备了一些紫罗兰花瓣的浸液。检验溶液是不是酸性的，只需加上一滴这种浸液，根据颜色的变化，他们就很容易得出正确的结论。接着又从芬芳的玫瑰花瓣中制取了一些浸液。

虽然不如浸茶水那样容易，但也是一瓶一瓶地浸了出来。

“酸性”能够判断了，那么溶液的“碱性”是否也可以通过“浸液”来判断呢？波义耳思索着。

于是，这位不畏疲劳的科学家又搜集了药草、地衣、五倍子、树皮和植物的根等，同他的助手们一起制取了各种颜色的浸液。有些只是在酸的作用下改变颜色，而另一些则在碱的作用下改变颜色。反复实验后，他发现：从石蕊地衣中提取的紫色浸液最有意思，酸能使它变成红色，而碱却能把它变成蓝色。波义耳用这种浸液把纸浸透，然后再把纸烤干。把这种纸片放进被试验的溶液中，只要纸片改变了颜色，就能证明这种溶液是酸性的还是碱性的。事实上，这时波义耳就已经发明了“石蕊试剂”和“pH试纸”。

正如科学研究经常发生的情况一样，一个发现往往引起另一个发现。

波义耳在研究用水制取五倍子浸液时发现，这种浸液和铁盐在一起，会形成一种黑色的溶液。“既然是黑色的溶液，就可以制墨水。”波义耳思索着。他仔细研究了制备墨水的条件，选定了原料配方，制造出高质量的墨水。后来人们沿用这一方法生产的墨水几乎达一个世纪，在许多科学家、作家的手中使它留下了光辉的印迹。

波义耳在硝酸银的溶液里加上一滴盐酸，发现有一种白色物质缓缓沉到容器的底部，他把这种沉淀物（氯化银）称为“月牙”。然后他又把这种沉淀物分离出来，放在一个无色的玻璃瓶中，但是他却忘记了盖盖儿。一个奇怪的现象发生了，里面的“月牙（白色物质）”怎么变黑了呢？虽然这位科学家发现了不少形成沉淀物的反应，但是，他还是认为变黑的原因应归结到空气的作用。事实上是由于光的照射而引起沉淀物（氯化银）分解所致。

在科学探索的曲折道路上，波义耳虽然步履维艰，但在实验的王国里他却开辟了许多通往真理之路。他多年的研究工作证明，用某种试剂作用于物质时，它们就能分解生成更简单的物质。有些物质会生成有色沉淀，有些物质能分解出带有特殊气味的气体，还有些物质会产生有色溶液等。利用特殊的反应，就可以确定这些化合物。波义耳把借助于特有的反应来

分解物质并鉴别产物的过程，称为“分析”。这种新的研究方法，对分析化学的确立和发展起到了巨大的推动作用。

1652 年，正当波义耳兴致勃勃地在实验室里做着燃烧的实验，炉火越烧越旺……突然从爱尔兰传来消息说，起义的农民破坏了科克庄园的别墅。这是他父亲科克公爵理查德·波义耳留下的遗产。因此，他不得不停止在斯泰尔桥的科学研究工作，回到那块祖遗领地，开始从事经营管理，恢复庄园的工作。

然而，波义耳迁居到爱尔兰还不到一年，他的心就早已不在这儿了。一个对探索自然界秘密着迷的人，怎能舍得放弃科学活动呢？当他接到朋友约翰·威尔金斯的来信时，他的心就已飞向伦敦了。“亲爱的波义耳，”威尔金斯写道，“我们的无形的大学已转移到格雷瑟姆学院来了。在牛津大学里聚集了很多英国科学家……就缺你了。依我看，隐居在爱尔兰，一点意思都没有。大家都认为，你应该来牛津和我们一起工作。”

回到英格兰去？这个主意不坏！庄园的事情早已安排好了。在牛津从事科学研究工作确实前途广阔。就在他即将动身之际又接到沃登的信，也在敦促他前往，于是波义耳起程前往牛津。

1645 年，一群对新的科学，尤其是对伽利略、托里拆利的发现感兴趣的人，聚集在伦敦大学格雷瑟姆学院里。后来由于内战引起困难，促使这一学院里的部分教授迁移到牛津，在那里成立了以约翰·威尔金斯为首的实验小组，这个小组人称“无形的大学”。波义耳到牛津后使“无形的大学”又增加了新的力量。

1654 年过去了，积雪渐渐融化，春天来了。罗伯特·波义耳的心情像春天一般地欢快。他又将拥有宽敞的实验室了。除了学院的实验室外，他还要建造私人实验室。

自从他到了牛津大学以后，一天都没有闲过，他同助手吉奥姆·龚贝格一起又开始了科学研究的生涯。空气、物质结构、燃烧，他们逐一进行研究。

“单单靠分析是不够的，还需要理论，但不是臆造的，而是通过实验检验的理论。”波义耳深有体会地说。

“您大概已形成了自己的观点。”龚贝格答道。

“是的，那是毫无疑问的。这些观点正为我们多年来的研究工作所证实。难道可以用分解的方法把所有的物体都变成同一种盐、硝和汞吗？当然不是这样！”

“这是炼金术士们惯常的臆造，它们没有为实验所证实。”龚贝格表示同意。

“对，实验证明的恰恰相反……应该说，这对亚里士多德的学说同样适用。没有一种方法能够把大量各种各样的物体只变成四种元素——水、气、土和火。自然界中存在着大量的元素，它们形成复杂的物质，这些物质分解后，又产生元素。元素是不变的，因为它们不能分解。它们是由微粒构成的。”波义耳作了这样的结论。

“但是，据我所知，您不是承认存在着更复杂的粒子吗？”正在炉旁观察的一个年轻人问道。

“是的，当元素的微粒化合时，它们就会形成复杂的粒子，而且微粒是永存的。”

诚然，波义耳认为物质中存在着某种本原，这并不是新的发现，古代哲学家也认为存在着原始物质。有的人认为这是水，有的人则认为这是土……而波义耳则认为它具有一定的状态，微粒是有形态、大小和运动的，尽管他丢掉了“重量”这一重要特征，使其成为非物质的东西，但是，第一块基石却已奠定，“元素”的概念已被用来解释化学反应。这为道尔顿的原子论和后来的原子分子学说的创立起到了极为重要的作用。

波义耳和龚贝格制取并研究了许多盐以及它们的分类方法。随着一次次实验的进行和不断深入的研究，使物质更加条理化。虽然他们把金属当成了最简单的化合物，还有一些对化学现象的解释不确切，甚至是错误的，但是他们的做法却是朝着循序渐进的理论迈出的勇敢的一步，是把化学从手工艺变成科学的关键一步。这是为化学奠定理论基础的尝试，没有理论基础，科学就会成为不可思议的东西，科学就不能向前迈进。

龚贝格后来回到法国，青年物理学家罗伯特·胡克成为他的助手。他们把研究工作向气体和微粒理论方面推进。波义耳发现了气体的体积随压

强而改变的规律，即一定质量的气体在保持温度不变时，它的压强和体积成正比。他利用气泵阐明了气压升降的原理，使密封容器中的空气量得到控制，显示了空气在燃烧过程中、呼吸过程中和声的传播过程中所起的作用。

17 世纪 50 年代末期，政潮波及整个英国，中断了波义耳的科学研究工作。被克伦威尔残酷独裁激怒了的帝制派重新掀起了斗争。逮捕和屠杀，流血和内讧，成为国内司空见惯的现象。

波义耳辗转来到祖传的庄园，在那里又建立了一个安静的科学王国。

在波义耳的书房里，两位秘书昼夜不停地工作着。一个按照这位科学家的口述笔录他的想法；另一个则把已有的草稿誊写清楚。他们用了几个月的时间完成了波义耳的第一部科学著作——《关于空气的重量及其性质的新的物理力学试验》。此书于 1660 年问世。波义耳在书中描述了近两年来进行的全部实验，并第一次批判了亚里士多德的四元素理论、笛卡尔的“以太”和炼金术士的三本原。这部著作自然引起了亚里士多德的追随者及笛卡尔派的猛烈攻击。但是，这位温和、不喜欢争辩的科学家，却保持沉默，等待着用他的实验事实替他说话。物质，或者能转化为其他物质，那么，这种物质就不是元素。波义耳抛弃了各种错误见解，给元素下了一个明确的定义。虽然波义耳没有解决怎样得到元素和元素有哪些种等问题，但是，他从实验中已经得出结论：元素肯定不是只有三种、四种，而是有许多种，从而彻底摧毁了统治科学达 2000 多年的四元素学说，使化学开始从炼金术中脱胎出来，使化学研究开始建立在科学的基础上。正如他说的那样，“一个有决心的人，终将找到他的道路”。

查理二世登基后，国内的政治生活多少有些恢复正常，波义耳又回到牛津从事他的实验工作。这时，他已经是著述颇丰，发现、发明成果林立，涉足的领域相当广泛的大科学家。他不仅研究了有关化学、生物和物理学等方面的问题，而且也对动物的呼吸、血液循环等医学问题有所建树。因此，波义耳名声赫赫，被视若英国科学界的名星，各地纷纷授予他荣誉头衔。他经常应邀入宫，显贵们认为哪怕与这位“名星”谈几分钟话，也是光荣的。于是，他被任命为东印度公司经理。但是，所有这一切都没有使这位科学家感到沾沾自喜，放弃本职工作，相反的是，他却感到这离他的理想彼岸还相差很远。在此期间，他又写出了《流体静力奇谈》、《根据微粒理论产生的形状和性质》、《论矿泉水》等著作。

1663年，波义耳被选为皇家学会会员，1680年被选为该会的主席。

1691年，波义耳在伦敦逝世。他为后代留下了丰富的科学遗产：

物质微粒结构理论为原子—分子理论发展开辟了道路；压强和体积的关系为新兴的物理化学制定了第一个定律；对许多显色反应和沉淀反应加以系统化，为分析化学打下了基础；他所进行的物质燃烧实验，导致创立了化学上第一个普遍理论——乔治·施塔尔的燃素论。

氧气的发现

那是1775年，有一次，瑞典国王到南欧去旅行，在旅途中偶然听人说起他们国家里出了一位闻名全欧的化学家，名字叫卡尔·威廉·舍勒。尽管国王从未涉足科学研究，对这位化学家的成就与事迹一点也不知道，但他仍深感荣幸。国王决定，授予舍勒一枚勋章。

负责发奖的官员昏庸不堪，他以为这等名气的大人物一定不在凡地，所以竟把勋章发给斯德哥尔摩科学院一个与舍勒同名的人。其实卡尔·威廉·舍勒是在瑞典一个小镇上当药剂师。是的，舍勒本人从不追求荣誉和地位。他在乡镇当了一辈子小小的药剂师。然而，在舍勒生逢的时代，对化学贡献最大的仍属于卡尔·威廉·舍勒。

舍勒于1742年12月出生在瑞典斯特拉尔松城。他的父亲是一位有名的商人，在城里有一家最大的商店。为了教育儿子，他聘请了几位教师用德语和瑞典语给他讲课。卡尔·威廉·舍勒是个勤勉的学生，很喜欢学习。然而，使他最快活的莫过于在波罗的海岸边游玩了。

瑞典斯特拉尔松城外，就是波罗的海。浩瀚的大海一望无际，蓝天白云下，几只海鸥在上下飞翔。海浪奔腾着，翻卷着，一阵阵涌向岸边。

小舍勒喜爱大海，更喜爱海边的沙滩。

炎热的夏天，午饭后他总是到海岸边游玩，在那里搜集被海浪卷到岸

滩的藻类。舍勒把这些藻类植物分成几类：绿色的、褐色的、浅红的……回家后，他把它们切成细碎的小块，分别放在从女管家那里要来的小杯子里，然后注满水或白酒。几天之后，他把浸泡的溶液分别倒在瓶子里，并整齐地摆在架子上。这就是他的“奇妙的药房”。不错，就是这个“奇妙的药房”培养了他对化学和药物学的极大兴趣。这一兴趣决定了舍勒终身在药房工作。

“药房”，一个多么不起眼的名称。市俗的人们可能会想，在一个药店工作能有什么出息？可就是这小小的“药房”为舍勒提供了众多发现的土壤。

1757 年秋，14 岁的舍勒随父亲来到哥德堡包赫的药房。包赫是舍勒父亲的朋友，他具有一定化学素养和制药知识，可算是经营药房业的行家。在包赫的店里，既有设备相当完善的实验室，也有藏书相当丰富的图书室。虽说舍勒到这里是当学徒，可他看到这样的环境却十分高兴，决心利用这儿的有利条件，学到更多的知识。

在哥德堡的生活和在斯特拉尔松城完全不同。舍勒的全部时光几乎都是在药房里度过的。他细心地观察包赫先生及其助手们的操作。有时，他还帮助制药。起初，让他在研钵里把某种盐研成粉末，切割草药的根或叶子，洗刷肮脏的器皿。但是，他知道，要成为行家，还需要大量地阅读和学习。于是，他就抽空读了勒梅里的《化学教程》、孔克尔的《化学实验》等名人的著作，获得了很多化学方面的理论知识和实际知识。他知道了德国人布朗德怎样发现磷，法国人埃洛怎样发现铋，瑞典人勒兰特和克朗斯塔特怎样发现钴和镍。前人的成就大大启发了舍勒，他深知化学史上每一重大发现，对社会生产和人们的生活都有很大的好处，因而他立下雄心壮志，决心从事化学研究，为人类作出自己的贡献。

舍勒读书，十分认真，常常是读过两遍就记得滚瓜烂熟。他的一位朋友曾赞扬说“舍勒的天才完全用于科学……虽然他有极好的记忆力，但似乎只宜于记忆有关化学的知识”。

舍勒最喜欢读的一本书，是孔克尔所著的《实验室指南》。他读了一遍又一遍，详细地钻研书中对种种实验的描述。有一天，他对孔克尔著作中的一段论述发生了怀疑:“盐精(盐酸)和黑苦土放在一起，怎么不能发生化学反应呢?”舍勒反复思索，难以入睡。“必须亲自做个实验看看。”他心里想着，脚已经不由自主地移向了实验室。

实验室里，年轻的舍勒正伏在一堆闪亮的玻璃器皿中间。大大小小的玻璃瓶和玻璃瓶里装的液体，被昏黄的烛光一照，产生了一种神奇的色彩。虽然冬日的深夜屋里不像野外那样冰冷，但也有三分寒意。舍勒几乎失去了对冷空气的感觉，他在不停地寻找、享受着他那独特的欢乐。他拿出标有“盐精”(盐酸)的瓶子，放在一边备用;又从罐子里倒出一些“黑苦土”粉末，放在研钵中使劲研磨。“咕噜、咕噜……”的声音，使寂静的夜晚平添了一支乐曲，惊醒了沉睡的格伦贝格。好奇的格伦贝格信步走下楼。

然而，舍勒却沉迷于实验室中，楼道中传来的脚步声，他竟然没有听见。

门被推开，格伦贝格闪了进来。

“卡尔，你深更半夜在这儿做什么?”

“是你呀，格伦贝格?把我吓了一跳!”

“你不要命啦，白天的时间还少吗?”

“不知道为什么睡不着。你看，孔克尔的书上说，盐精和黑苦土不能混合。我在这儿找到两罐东西，外面贴的标签都是黑苦土，可这两罐东西并不一样，一个罐里的物质是灰色的而且有光泽，它不能和盐精混合，而另一个罐里的物质则完全是黑色的。现在我要检验孔克尔的说法。”

“孔克尔，一个权威?”

“是的。”舍勒看也不看对方张大了的嘴巴，转身又埋头于他的实验了。

那时，化学家还无法将两种“黑苦土”区分开，即把石墨和二氧化锰笼统地称之为“黑苦土”。

这次实验证实了舍勒对孔克尔的怀疑是正确的。他发现一种“黑苦土”(二氧化锰)能与盐精起作用，而另一种“黑苦土”(石墨)不能与盐精起作用。就这样，年轻的药房学徒舍勒竟然把它们彻底区别开来。

紧张的学习和研究，使这位青年人的身体日渐衰弱。可是，他对药房的业务却日益精通了。他的学识常常使他的师傅包赫感到惊异。

6 年的学徒生活结束了，经过考试，舍勒取得了药剂师的称号，成了包赫先生的得意助手。

4 年过去了，舍勒跟随包赫的另一位助手基尔斯特略姆到他的药房又工作了两年。后来，他又受聘到斯德哥尔摩的沙伦贝格药房当药剂师。在这里，他走进了斯德哥尔摩科学院所属的化学实验室，科学院的图书馆成了他的用武之地，皇家图书馆更开阔了青年舍勒在科学上的视野，为他后来的众多发现打下了基础。

在沙伦贝格药房里，卡尔获得了优越的工作条件。他完成药剂师的本职工作后，就着手研究各种天然物质。

舍勒首先以“光线对氯化银的分解作用”作为课题，进行了研究工作。这家药房有一扇向阳的窗子，正好透过阳光，舍勒便利用它作为实验的条件。他把硝酸银溶液倒进盐酸中，本来澄清的溶液便生成了白色的沉淀物氯化银。他将氯化银拿到窗前接受阳光照射，氯化银马上变成黑色。这一重大发现奠定了现代摄影术的基础。

在这一实验顺利地取得了成功以后，舍勒这双充满智慧的眼睛时刻没有停止观察，大脑也在不时地思索着。他首先注意到的是酒石。在从阳光明媚的意大利运来的酒桶内壁上，出现一层厚厚的红色硬壳，这就是人们所说的“酒石”。舍勒让工人刮下这层奇怪的硬壳，并对此认真地研究起来。通过多次实验，他发现酒石和硫酸放在一起加热时，就可溶解，冷却后可以在器皿里形成一种漂亮的透明晶体。这种晶体有一股酸味，能溶于水，其特性与酸类相似。舍勒把它叫做酒石酸。

两种实验的成功，使舍勒兴奋异常。他总结自己的实验成果，撰写了两篇论文，兴致勃勃地送往斯德哥尔摩科学院，请予发表。然而，科学院的某权威看了论文后，随手扔在了地上，轻蔑地一笑说：“连实验报告的格式都不懂，还想搞科学研究！”于是便以“格式不合”为由，拒绝发表舍勒的杰出论文。是的，在科学的历史进程中这种情况不乏先例，致使科学的发展滞后了多少岁月啊！这对舍勒来说，打击很大，但这丝毫也没有动摇他从事科学研究工作的决心。

有一次，舍勒得到一种叫做萤石的透明晶体，这种晶体使他感到惊奇。

它与硫酸作用时，放出一股令人窒息的气体，而实验用的玻璃器皿表面则失去了透明度。这种成分不明的气体能够腐蚀玻璃。舍勒又开始细心而认真地研究这类物质。

在皇家图书馆，舍勒结识了著名的化学家图贝恩·贝格曼，他在乌普萨拉工作。舍勒把他请到自己的实验室，把自己的研究成果给他看，两人展开了讨论。最后二者肯定了这种气体是氢氟酸。贝格曼教授认为舍勒的工作很有意义，看出他不仅有丰富的理论知识，还有一套实践本领。在他看来，舍勒做出惊人发现的一天，不久就会到来。于是，这位乌普萨拉大学教授就把舍勒介绍到乌普萨拉的洛克药房当了药剂师。

果真，舍勒在此以后做出了许多惊人的发现，包括氧、氯、氟、氨、氯化氢、钼酸和砷酸等元素和化合物。

1770 年，舍勒发表了他的第一篇关于酒石酸的论文。1775 年，他成为瑞典科学院的院士。1776 年他发表了关于水晶、矾石和石灰石的成分问题的文章。同年，他从尿里第一次得到尿酸。1777 年他制成了硫化氢，同时观察到，银盐被光照射以后变色。在 1778 年他制成了升汞，分析了空气里含氧的比例。1780 年他证明了牛奶的发酸是因为产生了一种乳酸……

舍勒一生的发现，数不胜数，最重要的是他发现了氧气。

1773 年，乌普萨拉洛克药房的药剂师舍勒做燃烧实验时，从燃烧现象中分解出一种“火气”，这就是现在人们所说的氧气。

舍勒主要是用两种方法制得氧气的：一种是加热硝酸盐、氧化物和碳酸银。这些含氧的化合物加热到一定温度后，便会分解出氧气。第二种是用地产的一种黑锰矿（天然的二氧化锰）加浓硫酸或磷酸，加热制取氧气。

他发现这种“火气”也存在于空气中。从空气中除去了它，剩下的便是一种“废气”（现今称为氮气）。由于当一种物质在这种气体或普通空气中燃烧时，这种气体即氧气便消失了，所以他称这种气体为“火气”。事实上，舍勒此时已制得了氧，并认识到它同空气中的氧是同一物质。然而，1775 年底，舍勒根据自己的实验写成了《论空气与火》一书，送交出版商。因为他的名气不大，出版后又被压了两年，直到 1777 年，这部有价值的著作才和读者见面。虽然他的关于氧的发现的论著发表时，氧已经被普利斯

特里发现，并且晚了三年，但是他独立发现和研究的事实，却点燃了拉瓦锡揭开的一场化学革命，从而创立了科学的燃烧理论。

1775年，舍勒来到柯平镇，担任波尔药房的经理。在这里，舍勒生活安定、美满，短短几年之内，他又作出了许多贡献。他发现了柠檬酸、苹果酸、五倍子酸、草酸、乳酸，还制得了舍勒绿（亚砷酸铜）、重石酸（钨酸）和甘油。后来舍勒绿成为一种工业上非常重要的绿色颜料。

舍勒研究化学，是为人类造福，而不是为名为利。他把科学发现当作人生最大快乐。他说："乐，莫过于从科学发现中产生出来。发现之乐，使我心中愉快。"

1786年5月19日舍勒举行了婚礼，但过了两天以后，由于长年累月地置身于化学研究，身体衰弱，重病缠身，他竟然离开了人世。

舍勒虽然过早地逝世了，但是他却为人类的化学事业写下了新的篇章。这位科学家以其毕生经历向全世界表明，无论是在多么小的城镇里，或是在小小的药房实验室里，都是可以作出伟大奉献的。

元素周期律的发现

现代的化学元素周期律是19世纪俄国人门捷列夫发现的。他将当时已知的63种元素以表的形式排列，把有相似化学性质的元素放在同一直行，这就是元素周期表的雏形。

门捷列夫通过顽强努力的探索，于1869年2月先后发表了关于元素周期律的图表和论文。在论文中，他指出：

（1）按照原子量大小排列起来的元素，在性质上呈现明显的周期性。

（2）原子量的大小决定元素的特征。

（3）应该预料到许多未知元素的发现，例如类似铝和硅的，原子量位于65～75的元素。

（4）当我们知道了某些元素的同类元素后，有时可以修正该元素的原子量。

这就是门捷列夫提出的周期律的最初内容。

门捷列夫深信自己的工作很重要，经过继续努力，1871 年他发表了关于周期律的新的论文。文中他果断地修正了 1869 年发表的元素周期表。例如在前一表中，性质类似的各族是横排，周期是竖排；而在新表中，族是竖排，周期是横排，这样各族元素化学性质的周期性变化就更为清晰。同时他将那些当时性质尚不够明确的元素集中在表格的右边，形成了各族元素的副族。在前表中，为尚未发现的元素留下 4 个空格，而新表中则留下了 6 个空格。由此可见，门捷列夫的研究有了重要的进展。

实践是检验真理的唯一标准。门捷列夫发现的元素周期律是否能站住脚，必须看它能否解决化学中的一些实际问题。门捷列夫以他的周期律为依据，大胆指出某些元素公认的原子量是不准确的，应重新测定。例如当时公认金的原子量为 169.2，因此，在周期表中，金应排在锇、铱、铂（当时认为它们的原子量分别是 198.6，196.7，196.7）的前面。而门捷列夫认为金在周期表中应排在这些元素的后面，所以它们的原子量应重新测定。重新测定的结果是：锇为 190.9，铱为 193.1，铂为 195.2，金为 197.2。实验证明了门捷列夫的意见是对的。又例如，当时铀公认的原子量是 116，是三价元素。门捷列夫则根据铀的氧化物与铬、钼、钨的氧化物性质相似，认为它们应属于一族，因此铀应为六价，原子量约为 240。经测定，铀的原子量为 238.07，再次证明门捷列夫的判断正确。基于同样的道理，门捷列夫还修正了铟、镧、钇、铒、铈的原子量。事实验证了周期律的正确性。

根据元素周期律，门捷列夫还预言了一些当时尚未发现的元素的存在和它们的性质。他的预言与尔后实践的结果取得了惊人的一致。1875 年法国化学家布瓦博德朗在分析比里牛斯山的闪锌矿时发现一种新元素，他命名为镓，并把测得的关于它的主要性质公布了。不久他收到了门捷列夫的来信，门捷列夫在信中指出关于镓的比重不应该是 4.7，而是 5.9 ~ 6.0。当时布瓦傅德朗很疑惑，他是唯一手里掌握金属镓的人，门捷列夫是怎样知道它的比重的呢？经过重新测定，镓的比重确实为 5.9，这结果使他大为惊奇。他认真地阅读了门捷列夫的周期律论文后，感慨地说："我没有可说的了，事实证明门捷列夫这一理论的巨大意义。"

镓的发现是化学史上第一个事先预言的新元素的发现，它雄辩地证明

了门捷列夫元素周期律的科学性。1880 年瑞典的尼尔森发现了钪，1885 年德国的文克勒发现了锗。这两种新元素与门捷列夫预言的类硼、类硅也完全吻合。门捷列夫的元素周期律再次经受了实践的检验。

事实证明门捷列夫发现的化学元素周期律是自然界的一条客观规律。它揭示了物质世界的一个秘密，即这些似乎互不相关的元素间存在相互依存的关系，它变成了一个完整的自然体系。从此新元素的寻找，新物质、新材料的探索有了一条可遵循的规律。元素周期律作为描述元素及其性质的基本理论有力地促进了现代化学和物理学的发展。

镭的发现

19 世纪末到 20 世纪初，世界科学事业收获了重要的成果。镭元素的发现和相对论的产生，就是其中最引人注目的。这里介绍一下镭的发现。

镭，是一种化学元素。它能放射出人们看不见的射线，不用借助外力，就能自然发光发热，含有很大的能量。镭的发现，引起科学和哲学的巨大变革，为人类探索原子世界的奥秘打开了大门。由于镭能用来治疗难以治愈的癌症，也给人类的健康带来了福音。所以，镭被誉为“伟大的革命者”。

发现镭元素的是一位杰出的女科学家。她原名叫玛丽·斯可罗多夫斯卡，也就是后来为世人所熟知的居里夫人。

居里夫人 1867 年 11 月 7 日生于波兰。1895 年在巴黎求学时，和法国科学家彼埃尔·居里结婚。

1896 年，法国物理学家亨利·贝克勒发现了元素放射线。但是，他只是发现了这种光线的存在，至于它的真面目，还是个谜。这引起了居里夫人极大的兴趣，激起了她童年时就具有的探险家的好奇心和勇气。她认为，这是个绝好的研究课题，就同丈夫彼埃尔商量。

“这个课题选得很好，”彼埃尔说，“贝克勒线前年才发现，我想可能还没有人研究。如果发现这种射线的性质和来源，可以写出一篇出色的论文。不过，这是件艰巨的事情，困难也很多。”

“我知道，”玛丽微笑着说，“不过不要紧，有你这样一位尊敬的老师合作，就一定会成功！”要研究放射性元素，需要一间宽敞的实验室。彼埃尔东奔西跑，最后才在他原来工作过的理化学校借到一间又寒冷又潮湿的小工作间。

实验仪器很少，屋顶漏雨，墙壁透风，条件实在太糟了。但是居里夫人毫不在乎，专心做她的实验。在研究过程中，她发现，能放射出那奇怪光线的不只有铀，还有钍。她把这些光线称为“放射线”。

居里夫人在进一步的研究中发现，可能还有一种物质能够放射光线。这种光线要比铀放射的光线强得多。她认为，这种新的物质，也就是还未被发现的新元素，只是极少量地存在于矿物之中。她把它定名为“镭”，在拉丁文中，它的原意就是“放射”。彼埃尔也同意这种见解，可是当时有很多科学家并不相信。他们认为这可能是实验出了错误，有的人还说：“如果真有那种元素，请提取出来，让我们瞧瞧！”

为了得到镭，居里夫妇必须从沥青铀矿中分离出镭来。他们怎样才能得到足够的沥青铀矿呢？这种矿很稀少，矿中铀的含量极少，价格又很昂贵，他们根本买不起。后来，他们得到了奥地利政府赠送的1吨已提取过铀的沥青矿的残渣，开始了提取纯镭的实验。

在一间简陋的窝棚里，居里夫人要把上千千克的沥青矿残渣，一锅锅地煮沸，还要用棍子在锅里不停地搅拌；要搬动很大的蒸馏瓶，把滚烫的溶液倒进倒出。就这样，经过三年零九个月锲而不舍的工作，1902年，居里夫妇终于从矿渣中提炼出0.1克镭盐，接着又初步测定了镭的原子量。

1906年，彼埃尔·居里在一场意外的车祸中丧生。居里夫人极为哀痛，但这并没有动摇她献身科学的意志，她决心把与丈夫共同开拓的科学事业进行下去。1910年，居里夫人成功地分离出金属镭，分析出镭元素的各种性质，精确地测定了它的原子量。同年，居里夫人出版了她的名著《论放射性》，并出席了国际放射学理事会。会上制定了以居里名字命名的放射性单位，同时采用了居里夫人提出的镭的国际标准。

居里夫人曾两次获得诺贝尔奖。她是巴黎大学第一位女教授，是法国

科学院第一位女院士，同时还被聘为其他15个国家的科学院院士。在她的一生中，共接受过7个国家24次奖金和奖章，担任了25个国家的104个荣誉职位。但居里夫人从不追求名利，她把献身科学，造福人类作为自己的终生宗旨。

居里夫人和她的丈夫决定放弃炼制镭的专利权。她认为，那是违背科学精神的。她曾经对一位美国女记者说："镭不应该使任何人发财。镭是化学元素，应该属于全世界。"这位记者问她："如果世界上所有的东西任你选挑，你最愿意要什么？"她回答："我很想有1克纯镭来进行科学研究。我买不起它，它太贵了！"原来，居里夫人在丈夫死后，把他们几年艰苦劳动所得，价值百万法郎的镭，送给了巴黎大学实验室。这位记者深为感动。她回到美国后，写了大量文章，介绍居里夫妇，并号召美国人民开展捐献运动，赠给居里夫人1克纯镭。1921年5月，美国哈定总统在首都华盛顿亲自把这克镭转赠给居里夫人。在赠送仪式的前一天晚上，居里夫人又坚持要求修改赠送证书上的文字内容，再次声明："美国赠送我的这一克镭，应该永远属于科学，而绝不能成为我个人的私产。"

居里夫人晚年在镭学研究院工作，亲自指导来自外国的青年科学家从事研究工作。在她培养的许多优秀科学家中，有中国的放射化学创始人郑大章和物理学家施士元教授。

由于长期受到放射性物质的严重损害，居里夫人患上了白血病，于1934年7月4日逝世。与居里夫人有着崇高真挚友谊的相对论创立者爱因斯坦，在悼念她时说："她一生中最伟大的科学功绩——证明放射性元素的存在，并把它们分离出来——所以能取得，不仅是靠着大胆的直觉，而且也靠着在难以想象的极端困难情况下工作的热忱和顽强。这样的困难，在实验科学的历史中是罕见的。"

分子的发现

在道尔顿发表原子论时，有一位科学家发现：所有不同气体发生化学反应时，不同气体的体积之比都是简单整数比。比如，100个体积的氧与

200 个体积的氢化合成水，体积比是1∶2；100 个体积的氮与 100 个体积的氧化合为 200 个体积的一氧化氮，体积比是1∶1。道尔顿不承认这个简比定律，因为他认为 1 个氮原子和 1 个氧原子结合只能得到 1 个一氧化氮原子；而按照简比定律就应该得到 2 个一氧化氮，那不是说每个一氧化氮原子只含半个氧原子和半个氮原子了吗？

意大利的一位物理学教授阿伏伽德罗根据这个矛盾对各种化学反应进行全面考虑，提出了分子假说。他认为：原子是参加化学反应的最小质点，分子是在游离状态下单质或化合物能独立存在的最小质点；分子由原子组成，单质的分子由相同元素组成，化合物的分子由不同的元素组成；化学反应就是不同物质的分子间进行各原子的重新组合。

分子假说不仅统一了原子论和简比定律，而且找到了测定物质分子相对质量和组成的方法。把该物质变成气体并测定比重，在同温同压下不同气体的比重比就是它们分子质量之比。这为确定不同物质的原子数目和原子量提出了可靠的方法，是原子论的一大进步。但当时并没有引起重视，直到 40 多年后的 1860 年，坎尼扎罗才让它复活，解决了原子量和原子价问题，为化合物的结构理论也奠定了基础。

烯烃复分解反应的发现

烯烃复分解反应涉及金属催化剂存在下烯烃双键的重组，自发现以来便在医药和聚合物工业中有了广泛应用。相对于其他反应，该反应副产物及废物排放少，更加环保。

烯烃复分解反应由含镍、钨、钌和钼的过渡金属卡宾配合物催化，反应中烯烃双键断裂重组生成新的烯烃。烯烃复分解反应最初应用在石油工业中，以 SHOP 法的产物 α－烯烃为原料，高温高压下生产高级烯烃。传统的反应催化剂如 WCl_6－EtOH－$EtAlCl_2$，由金属卤化物与烷化剂反应制取。

烯烃复分解反应是个循环反应，过程为：首先金属卡宾配合物与烯烃反应，生成含金属杂环丁烷环系的中间体。该中间体分解，得到一个新的烯烃和新的卡宾配合物。接着后者继续发生反应，又得到原卡宾配合物。

常用的催化剂都为卡宾配合物，格拉布催化剂含钌，施罗克催化剂含钼或钨。它们也可催化炔烃复分解反应及相关的聚合反应。

反应机理

根据伍德沃德－霍夫曼规则，两个烯烃直接发生环加成反应是对称禁阻的，活化能很高。20 世纪 70 年代时，Hérison 和肖万提出了烯烃复分解反应的环加成机理，该机理是目前最广泛接受的反应机制。其中，首先发生烯烃双键与金属卡宾配合物的环加成反应，生成金属杂环丁烷衍生物中间体。然后该中间体经由逆环加成反应，既可得到反应物，也可得到新的烯烃和卡宾配合物。新的金属卡宾再与另一个烯烃发生类似的反应，最后生成另一个新的烯烃，并再生原金属卡宾。

金属催化剂 d 轨道与烯烃的相互作用降低了活化能，使烯烃复分解反应在适宜温度下就可发生，摆脱了以前多催化组分以及强路易斯酸性的反应条件。

复分解反应又可分为以下几种重要类型：

（1）交叉复分解反应

（2）关环复分解反应

（3）烯炔复分解反应

（4）开环复分解反应

（5）开环复分解聚合反应

（6）非环二烯复分解反应

（7）炔烃复分解反应

（8）烷烃复分解反应

（9）烯烃复分解反应

与大多数有机金属反应类似的是，复分解反应生成热力学控制的产物。也就是说，最终的产物比例由产物能量高低决定，符合玻尔兹曼分布。

复分解反应的驱动力往往不相同：

烯烃复分解反应和炔烃复分解反应——乙烯/乙炔的生成增加了反应

熵，推动了反应发生；

烯炔复分解反应——没有以上条件，在热力学上是不利的，除非还伴随有特定的开环或关环反应；

开环复分解反应——原料常为有张力的烯烃如降冰片烯，环的打开消除了张力，推动了反应发生；

关环复分解反应——生成了能量上有利的五六元环，反应中通常有乙烯生成。用关环反应合成大环化合物时，反应常常在极稀的溶液中进行，并且利用偕二甲基效应加快反应速率和选择性。

烯烃发生臭氧化反应生成两个酮，再以维蒂希反应成烯的过程与烯烃复分解反应是等同的，且有些已被后者所代替。

2005 年的诺贝尔化学奖颁给了化学家伊夫·肖万、罗伯特·格拉布和理查德·施罗克，以表彰他们在烯烃复分解反应研究和应用方面所作出的卓越贡献。

芳香性的发现

芳香性是一种化学性质，当中的共轭系统特别稳定。组成该系统的化学键、原子轨域和电子独立起来的稳定性不比该系统强。这些共轭键可以理解成单和双的共价键的融合，每个键的长度是一样的。这个理论最初由德国化学家凯库勒发展出来，理论中的苯有两个共振形态，并有单和双的共价键互相转换。

凯库勒最初在苯之中发现芳香性这一特性，其后于 1931 年才有人以量子力学来解释此现象。当年亦证实芳香性之中的 Π 电子的数量必定是 $4n+2$ 的定律，和肯定芳香族分子的环必定是平面。

芳香性化合物的特征，被分类为芳香性的化合物通常有以下的条件：

（1）有一些离域电子来组成一些 Π 键，并且令整个环系统可以当成单与双共价键的组合；

（2）那些付出离域电子作 Π 键的原子都要处于同一个平面；

（3）那些原子要组成一个环；

（4）组成Π键的电子总数要是（$4n+2$），即不是4的倍数的双数（休克尔规则）；

（5）有能力进行亲电芳香取代反应和亲核芳香取代反应。

苯就是一个好例子，它适合以上所有条件，并且有6粒离域电子（即$n=1$）。有$4n+2$粒Π电子的化合物通常都是芳香性的。环丁二烯只有4粒离域电子，所以不属于芳香性化合物。这些只有$4n$粒Π电子而又是平面的环状化合物叫做反芳香性化合物。

非芳香族的有机物就叫做脂肪族，芳香族比脂肪族在化学上更稳定。那些离域的Π电子会产生一种磁场，而且可由核磁共振的技术来探测。

在商业中最重要的芳香化合物就是苯和甲苯，每天的产量极多。人们从石油中得到的苯和甲苯可用来做其他极有用的日用品材料，包括苯乙烯、苯酚、苯胺及尼龙。

芳香性化合物的分类

芳香性化合物大致可分为：简单的芳香化合物、多环芳香化合物和杂环化合物。

1. 简单的芳香化合物

有大量的有机化合物的结构当中都包含简单的芳香性环，例如：DNA，当中包含嘌呤、嘧啶；三硝基甲苯，有苯环；乙酰水杨酸，有苯环；对乙酰氨基酚，有苯环。

2. 多环芳香化合物

多环芳香化合物中有一类多环芳香烃，其分子由超过一个不包含杂环或取代基的芳香环融合在一起并同时分享两个碳原子所组成，当中大部分都是致癌物质，例子有萘、蒽、菲、吲哚、喹、异喹啉等。

3. 杂环化合物

杂环化合物之中组成环的原子不仅包括碳，还包括氮、氧或硫等原子。例如：吡啶被用做溶剂或化学中间体。呋喃的芳香性比苯小，所以比苯更易反应。从呋喃衍生出的四氢呋喃是常用的试剂和溶剂。呋喃被用做化学的中间体，亦是致癌物质。

生 物 篇

生物是一门研究生命现象和生命活动规律的学科。它是农学、林学、医学和环境科学的基础。社会的发展，人类文明的进步，个人生活质量的提高，都要靠生物学的发展和应用。对人类来说，生物太重要了，人们的生活处处离不开生物。

达尔文的进化论

19 世纪中叶，达尔文创立了科学的生物进化学说。以自然选择为核心的达尔文进化论，第一次对整个生物界的发生、发展，作出了唯物的、规律性的解释，推翻了神创论等唯心主义形而上学在生物学中的统治地位，使生物学发生了一个革命变革。

1809 年 2 月 12 日，达尔文出生在英国的施鲁斯伯里。祖父和父亲都是当地的名医，家里希望他将来继承祖业，16 岁时便被父亲送到爱丁堡大学学医。

但达尔文从小就热爱大自然，尤其喜欢打猎、采集矿物和动植物标本。进到医学院后，他仍然经常到野外采集动植物标本。父亲认为他“游手好闲”、“不务正业”，一怒之下，于 1828 年又送他到剑桥大学，改学神学，希望他将来成为一名“尊贵的牧师”。达尔文对神学院的神创论等谬说十分厌烦，他仍然把大部分时间用在听自然科学讲座、自学自然科学书籍，热心于收集甲虫等动植物标本，对神秘的大自然充满了浓厚的兴趣。

在文艺复兴以及思想启蒙之后，现代科学的理性思维已经建立起来。达尔文的时代是19世纪中后期，正是走出蒙昧、提倡科学的前一阶段，在思想和理性上，为达尔文创立自然选择进化论提供了思想依据；而青年时的远游，则为他积累了大量的实据，引发了他关于物种进化的思考并最终形成一个完整的体系——《物种起源》。

达尔文自己把《物种起源》称为“一部长篇争辩”，它论证了两个问题：第一，物种是可变的，生物是进化的。当时绝大部分读了《物种起源》的生物学家都很快地接受了这个事实，进化论从此取代神创论，成为生物学研究的基石。即使是在当时，有关生物是否进化的辩论，也主要是在生物学家和基督教传道士之间，而不是在生物学界内部进行的。第二，自然选择是生物进化的动力。他认为，生物之间存在着生存斗争，适应者生存下来，不适者则被淘汰，这就是自然的选择。生物正是通过遗传、变异和自然选择，从低级到高级，从简单到复杂，种类由少到多地进化着、发展着。这就是我们常说的“物竞天择，适者生存”。

进化论是人类历史上第二次重大科学突破。第一次是日心说取代地心说，否定了人类位于宇宙中心的自大情结；第二次就是进化论，把人类拉到了与普通生物同样的层面，所有的地球生物，都与人类有了或远或近的血缘关系，彻底打破了人类自高自大、一神之下、众生之上的愚昧式自尊。

显微镜下的第一个重大发现

当伽利略听说荷兰的商人把两个透镜组合起来就能看得远时，立即自己实验装配出了望远镜，用它第一次看到月亮的表面，看到木星的卫星，证明了哥白尼的地动说。然而他没有对微观世界产生太大兴趣，所以把发展显微镜的工作留给了别人。

荷兰的业余科学家列文虎克是一个著名的显微镜制造者和使用者。科学仪器的制造和使用关系紧密，纯粹的商人是很难对科学仪器作出重大改进的。幸运的是作为布商的列文虎克对显微镜和科学研究很有兴趣。由于他没有受过正规教育，反倒免除了先入之见和哲学上的教条，因此能够从爱好和兴趣出发着手研究。他曾制成了非常小巧的短焦距的双凸透镜，后来又用这些小型高倍透镜制成简单的显微镜。这种显微镜比当时的光学仪器不仅更为高级而且更为适用。由于他的科学家朋友的介绍，列文虎克的重大工作被广泛重视，列文虎克本人被选为皇家学会会员。他去世时，人们发现他那里制作了400多台显微镜和放大镜，放大率从50倍到200倍的都有。

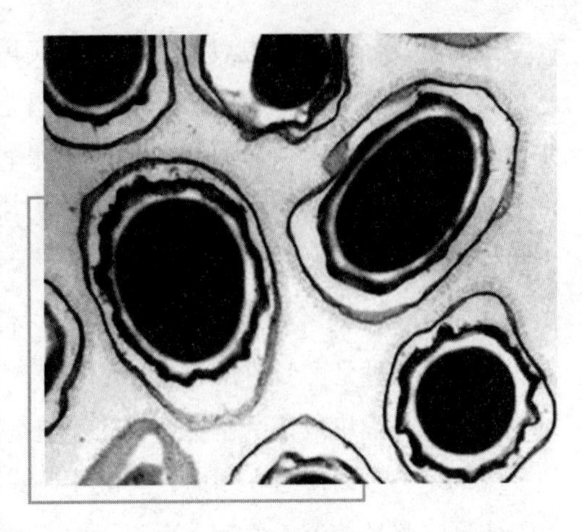

显微镜下的细菌

列文虎克用显微镜所作出的发现非常多，根本不可能对其详细叙述。其中对微生物和血液循环的研究最为有名。他首先观察到单细胞动物，第一个观察到细菌，严格证明了毛细血管连接着动脉的静脉从而帮助哈维克服了血液循环学说中的唯一难点。他对昆虫生活史、肌肉组织结构、牙齿骨状物等多项研究也都比较深入。只是他的成果在很长时间内没被很好的利用。

1628年，哈维发表《心血运动论》，宣布了血液循环学说。这个埋葬盖仑体系从而使生命科学进入真正科学时代的革命学说非常有说服力，只在说明动脉与静脉在组织中相通这一点上缺乏事实证据。因为毛细血管太小，无法看见。这成为血液循环学说唯一的缺陷。正好就在《心血运动论》发表当年出生的意大利科学家马尔比基，好像注定了是为完成哈维的工作而来的。

马尔比基本来是学亚里士多德哲学的，21岁时因为父母死于流行病才决心学医。幸运的是使用了当时先进的仪器——显微镜，他才成为第一个用显微镜观察活体组织的人。他首先观察的是青蛙的肺。他发现当心脏不停跳动时，血液从动脉经过极细微的毛细血管进入静脉。这一精密细致的观察使哈维的血液循环理沦获得了最后圆满的成功，成为显微镜下第一个重要的发现。

马尔比基作为动物和植物材料显微技术的创始人，不仅对血液循环和毛细血管作出了重要的研究发现，而且对肺和肾的细微结构、大脑皮层、脑和脊髓的结构、植物微解剖学、无脊椎动物生物学等都有重要的研究和发现。他可以被看作胚胎学、植物解剖学和比较解剖学以及组织学的先驱。

细胞的发现

所有的生物都是由细胞构成的。尽管这是19世纪才发现的，但17世纪第一批使用显微镜的科学家就已经观察到了细胞。而英国科学家胡克在观察软木塞时正式使用了“细胞”这个命名来称呼生物体的这一基本单位。这成了17世纪显微镜下的又一个著名发现。

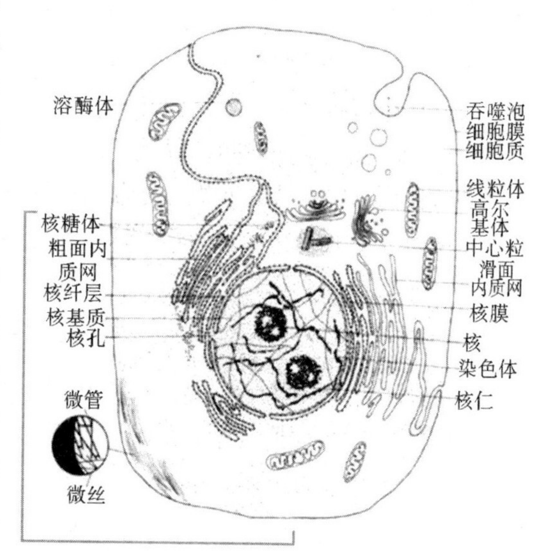

细胞结构图

胡克是英国皇家学会的干事长，负责周会上所进行的实验演示。显微镜研究成果的演示课程则由他本人亲自担任。胡克对科学仪器的发明和发展贡献很大，尤其是对天文学仪器和对显微镜的改进，因为他对光学理论的研究非常深入，是光的波动说的先驱。他在显微镜研究成果演示会上每次都至少要介绍一个使用显微镜进行观察的实验。蚤、虱、蚊虫等各种昆虫，还有头发、霉菌、地衣及纺织品、常用物件等都是他的观察对象。因此，尽管使用显微镜工作的科学家们实际上都观察到了细胞，却由胡克给出了恰当的名称。胡克并不仅仅只发现了一个个的微观世界，而且对活细胞内的物质有详细的描述。

1665 年，胡克出版了《显微图像》一书，对显微镜下的观察收获作了许多重要描述。比如他观察到肥皂泡和其他薄膜上都有的薄膜色彩，并由此研究提出光的波动理论；证明燃烧依赖于空气的实验以及对化石的观察和化石起源理论等。当然，最著名的还是他在这本书中描述的他对软木的研究，由此发现了细胞。

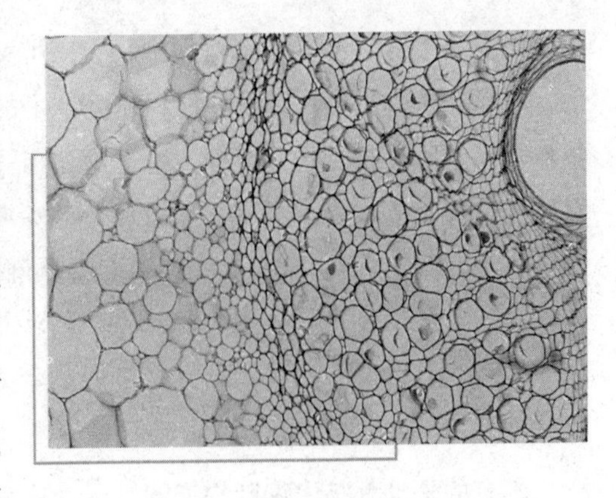

细 胞

血型的发现

血型是对血液分类的方法，通常是指红细胞的分型，其依据是红细胞表面是否存在某些可遗传的抗原物质。抗原物质可以是蛋白质、糖类、糖蛋白或者糖脂。通常一些抗原来自同一基因的等位基因或密切连锁的几个基因的编码产物，这些抗原就组成一个血型系统。目前已经发现并为国际输血协会承认的血型系统有 30 种，其中最重要的两种为“ABO 血型系统”和“Rh 血型系统”（恒河猴因子）。血型系统对输血具有重要意义，以不相容的血型输血可能导致溶血反应的发生，造成溶血性贫血、肾衰竭、休克以至死亡。新生儿溶血症也和血型密切相关。

血型的发现史及意义

人类最早认识的血型系统是 ABO 血型系统。1900 年，奥地利维也纳大学病理研究所的卡尔·兰德施泰纳发现，健康人的血清对不同人类个体的红细胞有凝聚作用。如果把取自不同人的血清和红细胞成对混合，可以分为 A、B、C（后改称 O）三个组。后来，他的学生 Decastello 和 Sturli 又发现了第四组，即 AB 组。

数年后，兰德施泰纳等人又发现了其他独立的血型系统，如MNS血型系统、Rh血型系统等。1930年，兰德施泰纳获得了诺贝尔生理学和医学奖。

几十年来，新的血型系统不断被报道，由1935年成立的国际输血协会专门负责认定与命名工作。得到承认的30种人类血型系统包括超过600种抗原，但其中大部分都非常罕见。

血型的发现开创了免疫血液学、免疫遗传学等新兴学科，对临床输血工作具有非常重要的意义。血型系统也曾广泛应用于法医学以及亲子鉴定中，但目前已经逐渐被更为精确的基因学方法所取代。

人类血型系统

在30种人类血型系统中，最为重要的是“ABO血型系统”和“Rh血型系统”。通常医院中进行的血型检查也只有这两项指标。例如，一位血液是AB型同时是Rh阳性的人，其血型可以简写为AB^+。

ABO血型系统

人类的血液内有以下的抗原、抗体，组成不同的血型：

A型血的人的红细胞表面有A型抗原；他们的血清中会产生对抗B型抗原的抗体。一个血型为A型的人只可接受A型或O型的血液。

B型血的人跟A型血的人相反，他们红细胞表面有B型抗原；血清中会产生对抗A型抗原的抗体。血型为B型的人亦只可接受B型或O型的血液。

AB型血的人的红细胞表面同时有A型及B型抗原；他们的血清不会产生对抗A型或B型抗原的抗体。因此，AB型血的人是“全适受血者”。但他们亦只可捐血予同样血型的人。

O型血的人的红细胞表面没有A和B型抗原。他们的血清对两种抗原都会产生抗体。因此，O型血的人是“全适捐血者”。但他们亦只可接受来自同样血型的血。例如，O型的人只能接受O型的血。

基本上，O型是世界上最常见的血型。但在某些地方，如挪威、日本，

A 型血型的人较多。A 型抗原一般比 B 型抗原较常见。AB 型血型因为要同时有 A 及 B 抗原，故此亦是 ABO 血型中最少的。ABO 血型分布跟地区及种族有关。

人类为何会对未接触过的抗原产生抗体的原因未知。一般相信可能是与某些细菌的抗原跟 A 及 B 型的糖蛋白相似有关。

Rh 血型系统

血液中另一主要特点是恒河猴因子。恒河猴因子（Rhesus Factor）也被读做 Rh 抗原、Rh 因子，因与恒河猴红细胞上的抗原相同得名，最初于 1940 年被发现。每个人的红细胞上只可能有或没有 Rh 因子，通常会与 ABO 结合起来，写的时候放在 ABO 血型后面。当中 O^+ 型是最常见的。

Rh^+，称做“Rh 阳性”或“Rh 显性”，表示人类红细胞“有 Rh 因子”；

Rh^-，称做“Rh 阴性”或“Rh 隐性”，表示人类红细胞“没有 Rh 因子”。

ABO 血型中配合 Rh 因子是非常重要的，错配（Rh^+ 的血捐给 Rh^- 的人）会导致溶血。不过 Rh^+ 的人接受 Rh^- 的血是没有问题的。

和 ABO 血型系统的抗体不同，Rh 血型系统的抗体比较小，可以透过胎盘屏障。当一名 Rh^- 的母亲怀有一个 Rh^+ 的婴儿，然后再怀有第二个 Rh^+ 的婴儿，就可能出现 Rh 症（溶血病）。母亲于第一次怀孕时产生对抗 Rh^+ 红细胞的抗体。在第二次怀孕时抗体透过胎盘把第二个婴儿的血液溶解，一般称新生婴儿溶血症。这反应不一定发生，但如果婴儿有 A 或 B 抗原而母亲没有则机会较大。以往，Rh 因子不配合会引起小产或母亲死亡。以前多数会以输血救治刚出生的婴儿。现在一般会 24 小时内以抗 Rh^+ 的药物注射医治，最常见为 Rhogam 或 Anti－D。每位 Rh^- 的怀孕母亲的婴儿的血型都要找出，如果是 Rh^+ 的话，母亲便要注射 Anti－D。用意为在母体产生抗体前先将抗原消灭，使母体记忆性 B 细胞不致记忆并自行产生大量抗体。

华人当中大约每 370 人才有一个是 Rh^-，其他都是 Rh^+。欧洲某些地区则可能 7 个人便有一个 Rh^-。

病毒的发现

只要有生命的地方，就有病毒存在；病毒很可能在第一个细胞进化出来时就存在了。病毒起源于何时尚不清楚，因为病毒不形成化石，也就没有外部参照物来研究其进化过程，同时病毒的多样性显示它们的进化很可能是多条线路的而非单一的。分子生物学技术是目前可用的揭示病毒起源的方法；但这些技术需要获得远古时期病毒 DNA 或 RNA 的样品，而目前储存在实验室中最早的病毒样品也不过 90 年。

关于病毒所导致的疾病，早在公元前 3 ~ 前 2 世纪的印度和中国就有了关于天花的记录。但直到 19 世纪末，病毒才开始逐渐得以发现和鉴定。1884 年，法国微生物学家查理斯·尚柏朗发明了一种细菌无法滤过的过滤器，他利用这一过滤器就可以将液体中存在的细菌除去。1892 年，俄国生物学家伊凡诺夫斯基在研究烟草花叶病时发现，将感染了花叶病的烟草叶的提取液用烛形滤器过滤后，依然能够感染其他烟草。于是他提出这种感染性物质可能是细菌所分泌的一种毒素，但他并未深入研究下去。当时，人们认为所有的感染性物质都能够被过滤除去并且能够在培养基中生长，这也是疾病的细菌理论的一部分。1899 年，荷兰微生物学家马丁乌斯·贝杰林克重复了 Ivanovsky 的实验，并相信这是一种新的感染性物质。他还观察到这种病原只在分裂细胞中复制，由于他的实验没有显示这种病原的颗粒形态，因此他称之为可溶的活菌，并进一步命名为病毒。贝杰林克认为病毒是以液态形式存在的（但这一看法后来被温德尔·梅雷迪思·斯坦利推翻，他证明了病毒是颗粒状的）。同样在 1899 年，Friedrich Loeffler 和 Paul Frosch 发现患口蹄疫动物淋巴液中含有能通过滤器的感染性物质，由于经过了高度的稀释，排除了其为毒素的可能性；他们推论这种感染性物质能够自我复制。

20 世纪早期，英国细菌学家 Frederick Twort 发现了可以感染细菌的病毒，并称之为噬菌体。随后法裔加拿大微生物学家 Félixd Herelle 描述了噬菌体的特性：将其加入长满细菌的琼脂固体培养基上，一段时间后会出现由于细菌死亡而留下的空斑。高浓度的病毒悬液会使培养基上的细菌全部死亡，但通过精确的稀释，可以产生可辨认的空斑。通过计算空斑的数量，再乘以稀释倍数就可以得出溶液中病毒的个数。他们的工作揭开了现代病毒学研究的序幕。

20 世纪的下半叶是发现病毒的黄金时代，大多数能够感染动物、植物或细菌的病毒在这数十年间被发现。1957 年，马动脉炎病毒和导致牛病毒性腹泻的病毒（一种瘟病毒）被发现。1963 年，巴鲁克·塞缪尔·布隆伯格发现了乙型肝炎病毒。1965 年，霍华德·马丁·特明发现并描述了第一种逆转录病毒，这类病毒将 RNA 逆转录为 DNA 的关键酶，逆转录酶在 1970 年由霍华德·特明和戴维·巴尔的摩分别独立鉴定出来。1983 年，法国巴斯德研究院的吕克·蒙塔尼和他的同事弗朗索瓦丝·巴尔－西诺西首次分离得到了一种逆转录病毒，也就是现在世人皆知的艾滋病毒。其二人也因此与发现了能够导致子宫颈癌的人乳头状瘤病毒的德国科学家哈拉尔德·楚尔·豪森分享了 2008 年的诺贝尔生理学与医学奖。

病毒的结构

病毒的形状和大小（统称形态）各异。大多数病毒的直径在 10～300 纳米。一些丝状病毒的长度可达 1400 纳米，但其宽度却只有约 80 纳米。大多数的病毒无法在光学显微镜下观察到，而扫描或透射电子显微镜是观察病毒颗粒形态的主要工具，常用的染色方法为负染色法。

一个完整的病毒颗粒被称为“病毒体”，是由蛋白质组成的具有保护功能的“衣壳”和被衣壳包被的核酸组成。形成衣壳的等同的蛋白质亚基称为“次蛋白衣”或“壳粒”。有些病毒的核衣壳外面，还有一层由蛋白质、多糖和脂类构成的膜，叫做“包膜”，包膜上生有“刺突”，如流感病毒。衣壳是由病毒基因组所编码的蛋白质组成的，它的形状可以作为区分病毒形态的基础。通常只需要存在病毒基因组，衣壳蛋白就可以自组装成为衣壳。但结构复杂的病毒还会编码一些帮助构建衣壳的蛋白质。与核酸结合的蛋白质被称为核蛋白，核蛋白与核酸结合形成核糖核蛋白，再与衣壳蛋白结合在一起就形成了“核衣壳”。病毒的形态一般可以分为以下四种：

1. 螺旋形

螺旋形的衣壳是由壳粒绕着同一个中心轴排列堆积起来，以形成一个中空的棒状结构。这种棒状的病毒体可以是短而刚性的，也可以是长而柔性的。具有这种形态的病毒一般为单链 RNA 病毒，被研究得最多的就是烟草花叶病毒，但也有少量单链 DNA 病毒也为螺旋形；无论是哪一种病毒，其核酸都通过静电相互作用与衣壳蛋白结合（核酸带负电而衣壳蛋白朝向中心的部分带正电）。一般来说，棒状病毒体的长度取决于内部核酸的长度，而半径取决于壳粒的大小和排列方式。用于定义这种螺旋形态的参数有两个：amplitude 和 pitch。前者即直径，而后者是指壳粒环绕一周后所前进的距离。

2. 正二十面体

大多数的动物病毒为正二十面体或具有正二十面体对称的近球形结构。二十面体具有 5－3－2 对称，即每个顶点为 5 重对称，每个面的中心为 3 重对称，每条边的中心为 2 重对称。病毒之所以采用这种结构的一个很重要的原因可能是，规则的二十面体是相同壳粒形成封闭空间的一个最优途径，可以使所需的能量最小化。形成二十面体所需的最少的等同的壳粒的数量为 12，每个壳粒含有 5 个等同的亚基。但很少有病毒只含有 60 个衣壳蛋白亚基，多数正二十面体形病毒的亚基数量大于 60，为 60 的倍数，倍数可以是 3、4、7、9、12 或更多。由于二十面体的对称性，位于顶点的壳粒周围有 5 个壳粒环绕，被称为“penton”；而位于三角形面中心的壳粒周围有 6 个壳粒环绕，被称为“hexon”。

3. 包膜型

一些病毒可以利用改造后的宿主的细胞膜（来自细胞表面的质膜或细胞内部的膜，如核膜及内质网膜）环绕在病毒体周围，形成一层脂质的包膜。包膜上既镶嵌有来自宿主的膜蛋白，也有来自病毒基因组编码的膜蛋白；而脂质膜本身和其中的糖类则都来自宿主细胞。包膜型病毒位于包膜内的病毒体可以是螺旋形或正二十面体形的。

无包膜的病毒在宿主细胞内完成复制后，需要宿主细胞死亡并裂解后，才能逸出并进一步感染其他细胞。这种方法虽然简单，但常常造成大量非成熟细胞死亡，反而降低了对宿主细胞的利用率。而有了包膜之后，病毒可以通过包膜与宿主的细胞膜融合来出入细胞，而不需要造成细胞死亡。流感病毒和艾滋病毒采用的就是这种策略。大多数的包膜型病毒的感染性都依赖于包膜。

4. 复合型

一个典型的有尾噬菌体的结构包括：①头部；②尾部；③核酸；④头壳；⑤颈部；⑥尾鞘；⑦尾丝；⑧尾钉；⑨基板。与以上三类病毒形态相比，复合型病毒的结构复杂得多，它们的衣壳既非完全的螺旋形又非完全的正二十面体形，可以有附加的结构，如蛋白质组成的尾巴或复杂的外壁。有尾噬菌体和痘病毒都是比较典型的复合型病毒。

有尾噬菌体在噬菌体中数量最多，其壳体由头部和尾部组成，头部呈正二十面体对称，尾部呈螺旋对称，头部和尾部之间通过颈部相连。此外噬菌体的尾部还附着有一些尾鞘、尾丝和尾钉等。其头壳中包裹着噬菌体的基因组，而尾部的各个组件则在噬菌体感染细菌的过程中发挥作用。

痘病毒是一种具有特殊形态的体形较大的复合型病毒。其病毒基因组与结合蛋白位于被称为拟核的一个中心区域。拟核被一层膜和两个未知功能的侧体所围绕。痘病毒具有外层包膜，包膜外有一层厚的蛋白质外壳布满整个表面。痘病毒的形态有轻微的多态性，从卵状到砖块状都有。

拟菌病毒是目前已知最大的病毒，其衣壳直径达 400 纳米，体积接近小型细菌，且表面布满长达 100 纳米的蛋白质纤维丝。在电镜下观察到的拟菌病毒呈六边形，因此推测其衣壳应为二十面体对称。

病毒的自我复制过程

由于病毒是非细胞的，无法通过细胞分裂的方式来完成数量增长；它们是利用宿主细胞内的代谢工具来合成自身的拷贝，并完成病毒组装。不同的病毒之间生命周期的差异很大，但大致可以分为六个阶段：

（1）附着：首先是由病毒衣壳蛋白与宿主细胞表面特定受体之间发生特异性结合。这种特异性决定了一种病毒的宿主范围。例如，艾滋病毒只能感染人类的 T 细胞，因为其表面蛋白 gp120 能够与 T 细胞表面的 CD4 分

子和受体结合。这种吸附机制通过不断的进化，使得病毒能够更特定地结合那些它们能够在其中完成复制过程的细胞。对于带包膜的病毒，吸附到受体上可以诱发包膜蛋白发生构象变化从而导致包膜与细胞膜发生融合。

（2）入侵：在病毒体附着到宿主细胞表面之后，通过受体介导的胞吞或膜融合进入细胞，这一过程通常被称为“病毒进入”。感染植物细胞与感染动物细胞不同，因为植物细胞有一层由纤维素形成的坚硬的细胞壁，病毒只有在细胞壁出现伤口时才能进入。一些病毒，如烟草花叶病毒可以直接在植物内通过胞间连丝的孔洞从一个细胞运动到另一个细胞。与植物一样，细菌也有一层细胞壁，病毒必须通过这层细胞壁才能够感染细菌。一些病毒，如噬菌体，进化出了一种感染细菌的机制，将自己的基因组注入细胞内而衣壳留在细胞外，从而减少进入细菌的阻力。

（3）脱壳：病毒的衣壳被病毒或宿主细胞中的酶降解，使得病毒的核酸得以释放。

（4）合成：病毒基因组完成复制、转录（除了正义 RNA 病毒外）以及病毒蛋白质合成。

（5）组装：将合成的核酸和蛋白质衣壳各部分组装在一起。在病毒颗粒完成组装之后，病毒蛋白常常会发生翻译后修饰。在诸如艾滋病毒等一些病毒中，这种修饰作用（有时被称为成熟过程），可以发生在病毒从宿主细胞释放之后。

（6）释放：无包膜病毒需要在细胞裂解（通过使细胞膜发生破裂的方法）之后才能得以释放。对于包膜病毒则可以通过出泡的方式得以释放。在出泡的过程中，病毒需要从插有病毒表面蛋白的细胞膜结合，获取包膜。

青霉素的发现

在科学技术领域中，经常会有这样的事情：从对某一偶然现象的仔细观察入手，经过深入研究，做出极其重要的科学发现和发明。青霉素的发现和发明就是一个典型的例子。

时间是 1928 年，在伦敦赖特生物研究中心，为了探索机体防御因子抵抗病原菌致病因子的作用机理，寻找一条制服病原菌的新路子，细菌学家弗莱明正在进行着细菌学的培养试验。他对葡萄球菌似乎更感兴趣，因为这种菌分布广，危害大，一般的伤口感染化脓主要就是由于它们在作祟。

葡萄球菌被培养在扁圆形的玻璃皿里，温度和培养基等条件的改变都可影响葡萄球菌的生长，弗莱明就不时地用显微镜观察它们的变化。

实验室里杂乱无章，一般来说，空气中总是飘浮着各种各样微生物，有时会在打开器皿盖时的刹那间落进培养皿里，自由自在地生长繁殖，破坏微生物培养试验的正常进行。

这种外来微生物污染培养皿的情况，在许多微生物实验室里都发生过。不过弗莱明所在实验室的卫生条件更差，而且他还有一个习惯，经过初步观察研究后的培养皿，不是马上进行清洗处理，而是常被搁置一边，过了一段时间后再去看看有没有发生什么新的变化。

这一年的9月，有一次忘记将一碟葡萄球菌的培养物盖上盖子。几天之后，弗莱明来到实验室，照例先察看一下培养皿，忽然发现这个靠窗户的培养皿有点异样。在长满金黄色葡萄球菌的器皿中，长出了一些青色的霉斑，霉斑的周围出现了一小圈空白的区域，原先生长在这里的金黄色葡萄球菌菌落荡然无存。

弗莱明马上意识到自己可能发现了某种重要现象。“是什么引起我的惊奇？就是在青霉素的周围相当宽阔的区域里，具有强烈致病力的金黄色葡萄球菌被溶化了，从前它长得那么茂盛，如今只留下一点枯影。”为什么？他推测这很可能是由于青色霉菌分泌的某种杀菌素把葡萄球菌杀死了。

他决定立即对这种霉菌菌种进行鉴定，从培养皿中刮出一点培养基放到显微镜下观察，发现它们是属于真菌一类的丝状菌，同腐烂的蔬菜、水果、肉食以及面包、奶酪上的霉菌是一家子。

接着，弗莱明又把剩下的霉菌分离出来，放到一个装满营养液的罐子里培养。几天之后，青霉菌旺盛地生长繁殖，同时往培养液里释放出一种物质，把本来的清液染成了淡黄色。更有意思的是，滤去青霉菌之后，这种淡黄色的液体依然具有与存在青霉菌时同样的杀菌本领，往装有葡萄球菌混浊液的瓶中加进一点青霉菌的培养液，三小时后混浊液就开始变清，说明葡萄球菌已经被杀死了。于是弗莱明终于作出了结论，他在他的实验记录本上写道：“这表明在霉菌培养液中包含着对葡萄球菌有溶菌作用的某种物质。”这种物质是青霉素在生长过程中的代谢产物，英文名称音译为配尼西林，中文名称青霉素。

进一步的实验研究还表明，青霉素对很多传染病菌有致命的效果，除了葡萄球菌，还能杀死链球菌、白喉杆菌、炭疽杆菌、肺炎球菌等，而对人和动物的危害却很小。可以说，这种由青霉菌分泌产生的神奇物质，是人类自发明杀菌药剂以来最强有力的一种，用它来治疗肺炎、败血症、梅毒等都有很好的疗效。

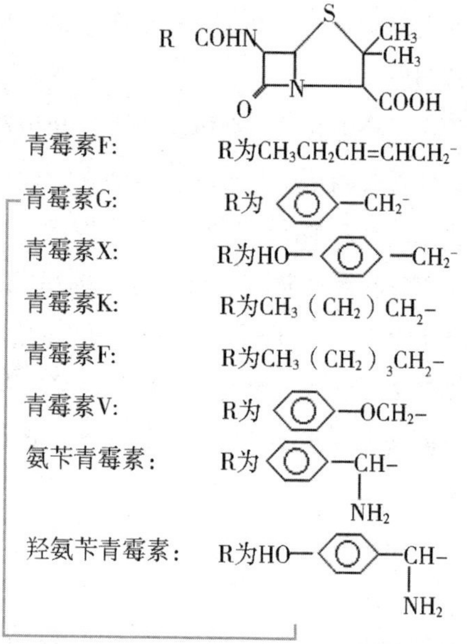

R COHN S CH_3 CH_3 N O COOH

青霉素F: R为$CH_3CH_2CH{=}CHCH_2$-

青霉素G: R为 ⌬—CH_2-

青霉素X: R为HO—⌬—CH_2-

青霉素K: R为$CH_3(CH_2)CH_2$-

青霉素F: R为$CH_3(CH_2)_3CH_2$-

青霉素V: R为 ⌬—OCH_2-

氨苄青霉素: R为 ⌬—CH(—NH_2)-

羟氨苄青霉素: R为HO—⌬—CH(—NH_2)-

青霉素的分类

应该说，上面的故事说的完全是一个偶然的现象或一次意外的机遇，使弗莱明在有意无意之间获得了一项重大的发现。在科技史上，这样的事例不在少数。据说，有一次弗莱明这样谦逊、诙谐地说过：“如果我的实验室也像我参观过的实验室那样现代化，那我就可能永远发现不了青霉素。”

事实上，科学研究中意外机遇的光临和奇异现象的出现是非常普遍的。但是机遇并不为科技工作者提供现成的科技成果，它只能帮助发明者开启创造性的思路，为探索者提供获得新发现的机会。至于能不能抓住机遇，有所发现，有所发明，有所创造，那还要看研究者本人是不是具有敏锐的洞察力，有没有足够的知识储备和经验积累，有没有执著追求、一心求索的精神。偶然的机会只利于素有准备的心灵……

青霉素的发现似乎非常偶然，但又有它的必然性。当年弗莱明发现的产出青霉素的霉菌，后经鉴定证实就是1911年瑞典人威斯特林在斯德哥尔摩大学博士论文中提到的特异青霉。为什么17年前威斯特林鉴定了特异青霉却没有发现它的抗菌作用，就是因为他的头脑考虑的只是寻找新的微生物，即缺乏有关研究抗菌作用的知识和经验，也没有在这方面继续探索下去的念头和热情，所以机遇到来时他也熟视无睹，白白错过。相反，弗莱明早期就对细菌学及化学疗法治病感兴趣，关心血液的天然抑菌作用，对防腐剂和抗菌物质进行过长期的研究，后又研究动物组织中的抗菌物质，并于1922年发现了一种能够溶菌的蛋白质——溶菌酶，具有杀菌的功能。正是由于这些，使他在一旦偶然发现青霉素的溶菌现象后会牢牢抓住不放，奋起探索，并最终发现了青霉素。这就再一次证明，机遇只偏爱那种有准备的大脑。

抓住机遇只是科学研究过程中的一环，由观测到有意义的偶然现象，到弄清楚它的全部秘密，还需要进行深入再深入的科学研究。弗莱明于是同他的年轻助手克莱道克全力以赴地对青霉素的杀菌性能进行了研究试验，他们把青霉素的培养液用水稀释，发现稀释到几百倍甚至上千倍仍然具有杀菌力。接着他们又做青霉素对白细胞的作用，证明当青霉素的浓度达到对细菌有相当大的毒性时，对白细胞仍毫无影响。他们还把青霉素的稀释液注射到健康的白鼠、兔子身上，白鼠、兔子安然无恙，表明它对动物没有毒副作用。所有这一切都使弗莱明相信，青霉素正是他长期以来梦寐以求的“完善无缺的抗菌剂”。

1929年2月13日，弗莱明向伦敦医学研究俱乐部提交了一份研究青霉素的报告，群众开始彬彬有礼地听着，但后来就旁顾左右而言它。同年6月，他又把他的发现写成论文发表在英国的《实验病理学》季刊上，同样也没有引起更多人的关注和兴趣。

青霉素既然对多种危害人类的病菌有毒杀作用，那它应该是一种可以畅销世界的治病良药，可它为什么迟迟不受人们青睐，甚至反而被“打入冷宫”呢？

试管里的青霉素不过是一种含有青霉素的淡黄色液体，是把长满了青霉菌的培养液过滤以后得到的一种滤液。问题是这种青霉素滤液里的青霉

素含量很少，即使用它来给人体皮肤上的一个化脓伤口进行消毒，也得用掉几百几千毫升。至于要临床应用它来治疗疾病，杀灭人体内的大量病菌，那要耗用的滤液数量就更多了，不仅注射、使用无法办到，生产、贮存也是个难题。事实上，弗莱明和一些生物化学家合作，也曾设法提取培养液中的青霉素，但得到的青霉素化学性质不稳定，没有取得成功。弗莱明于是不得不暂时停止对青霉素的研究，他将这一菌株代代相传，一直传了十年。

青霉素的发现不受重视还有另外一个原因。当时正是近代化学疗法的奠基人之一、德国细菌学家埃利希，与日本科学家秦佐八郎合作发明的治疗梅毒等传染病的特效药砷凡纳明，即“606”风行全球的时候，几乎所有的医学家、药物学家都受“606”成功的影响，遵循埃利希开创的化学治疗的路线，全力以赴地探索、研制新的“神奇的子弹”。到了20世纪30年代，德国药物学家多马克和其他科学家又发明了一系列的磺胺类药物，可以用来有效地治疗链球菌感染、脑膜炎、肺炎、尿道感染、细菌性痢疾和肠道感染等疾病，几乎统治了当时的整个医药界。人们热衷于化学药物的研究，几乎完全忽略了弗莱明的发现。

不过，弗莱明并没有绝望，他记住了他的前辈、法国微生物学家巴斯德在1877年提出的一个著名论点：连最低级的微生物也在为自己的生存而斗争，某些微生物会攫食另一种微生物，就像某些动物会攫食另外一些动物一样。巴斯德把这称做“生命阻止生命”，并用“抗生”一词来描绘生命自然界彼此之间的这种对抗。弗莱明想，既然如此，他的发现不正是印证了巴斯德的论点，用一种生命来对抗另一种生命，用一种微生物所产生的杀菌物质，来抑制和消灭另一种（病原）微生物吗？

因此，弗莱明虽然暂时停止了对青霉素的研究，但他仍然希望并相信总有一天人们会把他的发现转化为发明，利用它来治病救人，为民造福。

这一天直到十年之后才姗姗来迟。

发现是经过探索、研究认知新的事物或规律，发明则是在发现的基础上变革自然，创造新的事物或方法。正如后来弗莱明在接受诺贝尔奖第二天的演讲中所说：“我要告诉诸位的是真实情况，青霉素的发现是一个机遇性的现象。我仅有的功绩在于我没有忽略掉这一项观察，并且作为一个细菌学工作者我追踪了这个目标。我在1929年发表的论文，是那些特别是在化学领域里发展青霉素研究的人们的工作的起点。”

这些人们中的两位主要人物是弗洛里和钱恩。

当时，磺胺类药物在广泛使用的过程中已暴露出不少问题，主要是只能治疗少数几种疾病，对许多病人有严重的副作用，服用久了病菌会产生抗药性。

这就促使人们设法去寻找、研制更有效而又无害的杀菌剂。

澳大利亚出生的英国病理学家弗洛里在牛津大学组织了此项研究，他的周围聚集了一些细菌学家、药物学家和化学家，开始研究溶菌酶的抗菌效果。当时还不满30岁的钱恩也是其中的一位，他是德国出生的犹太人，1933年才来英国，溶菌酶的研究试验使这位年轻的生物化学家大感兴趣，并想到应该去探索更多新的与溶菌酶相类似的活性杀菌物质。

钱恩决定首先查阅一下多年来医学杂志上发表的有关杀菌药物的文献，结果发现了好几年前弗莱明撰写的那篇关于青霉素的论文——这篇尘封多年、陈旧不堪的论文快要完全被人遗忘了。

弗洛里和钱恩都仔细地阅读了这篇论文，弗莱明有关青霉素杀菌试验的报告以及对它治疗潜力的论述，使他们“茅塞顿开”。1939年，他们决定用化学方法从青霉素的培养液中把青霉素分离提取出来。

提取工作十分艰巨。他们每天要配制几十吨培养液，放进一个个培养瓶中，然后往里接种青霉素菌菌种，等它们充分繁殖后，再装进大罐送去提取青霉素，一大罐的培养液只能提取针尖那么大的一点儿。这样，经过几个月的努力，到这一年的年底，才成功地分离出了一小匙像玉米粉那样的棕黄色物质，并将它纯化成青霉素药剂。他们经过试验证明，这种黄色粉末药剂稀释到3000万倍仍然保持着杀菌力。

现在可以用青霉素来进行动物试验了。1940年春末，他们选择了50只小白鼠，每一只都注射了致命剂量的链球菌，然后对其中的25只每隔3小时注射一针青霉素，另外25只什么都不注射。16小时过去了，25只没有注射青霉素的小白鼠全部一命呜呼，另外25只注射了青霉素的小白鼠只有1

只死去，其余全部安然无恙，48 小时后个个恢复了生气。

年近花甲的弗莱明看到牛津大学发表的青霉素动物试验报告后，立即登门拜访弗洛里和钱恩，感谢他们终于证实了他在 11 年前作出的结论以及他以前工作的全部意义。钱恩得知弗莱明还活着，真是惊诧不已，因为他怎么也没有想到，眼前这位青霉素的发现者竟是这样一位谦逊、温和、不善辞令和不愿意显示自己的人。

下一步应该用青霉素进行医疗临床试验。弗洛里选择的第一位受试病人是个处于休克状态的警察，医生确诊他患了严重的败血症，用了大量的磺胺药物无济于事。弗洛里取来仅有的半匙青霉素，调制成溶液后分次给病人进行静脉注射。24 小时后，患者病情趋向稳定，神志逐步清醒。两天过去，高温开始退却，脓肿逐渐消退。再过几天，情况益加好转，患者甚至想吃东西了。但是，正当成功在望的时候，青霉素已用完，“弹尽粮绝”，再提取已来不及，残余的病菌于是卷土重来，迅速繁衍，再次肆虐，病情急剧恶化。没过几天，这位警察还是离开了人世。

不过这仍然是个令人鼓舞的开端。过了不久，在弗洛里和钱恩获得了更多的青霉素后，果然第一次用青霉素挽救了一个患严重髋臼感染的少年的生命。

几十个人辛辛苦苦地忙了一个月，提取的青霉素只能用来治疗一名 15 岁的患者，这怎么能满足大规模应用于临床的需要呢？下一步就是要实现青霉素的规模生产。

1941 年，第二次世界大战的战火已经蔓延到欧、亚、非三大洲，千千万万的人在流血，无数伤员伤口受到病菌感染的威胁，多么需要大量的青霉素来减轻他们的痛苦和挽救他们的生命啊！

弗洛里和钱恩原来一心希望得到英国政府和工业界的资助，但当时英国正处在德国空军的频繁空袭之下，政府已把全部人力、财力用于战争，实在无暇他顾。于是他们决定远渡重洋，带着青霉素的样品，到当时还没有参战而工业实力又最强的美国去寻求支持。他们果然得到了他们所需要的支持。到 1941 年底美国宣布参战时，青霉素即被列为优先生产的军需品之一。

伊利诺斯州皮奥利亚的一家工厂生产出了第一批青霉素，但是产量还是少得可怜，几百瓶培养液培养出来的青霉素产量，只能满足一个病人一天的需要。

为了大大提高青霉素的产量，必须在三个问题上有所突破：首先需要找到产出青霉素能力更高的菌种，其次要有更适合青霉菌生长繁殖的培养液，最后还要有更先进的大批量生产青霉素的工艺。

到 1942 年末，这三个方面的工作都取得了重大进展。

从世界各地找来了许多青霉菌种，经过筛选，最好的青霉菌种居然就在眼前，来自皮奥利亚一家杂货店腐烂的罗马甜瓜上，它所分泌的青霉素要比以往任何一种菌种高出数百倍。青霉菌种的繁殖生长需要有合适的营养。科学家们发现，用玉米粉调制的培养液是青霉菌繁衍生长最肥沃的“土镶”，用它来培养青霉菌，青霉菌的产量可以提高好几倍；如果再加点乳糖，产量将更加可观。

因为青霉菌要有空气才能生存，所以一般只生长在培养液的表层，这就使产量受到了限制。为了成倍提高青霉素的产量，可以使用能充气的大容罐，即用螺旋桨式的搅拌器搅拌，让空气与培养液充分混合，那青霉菌就不仅能在培养液的表层生长，而且也能在整个罐内的培养液中繁衍后代了。

青霉素的大规模生产终于开始了。1943 年初生产的青霉素还只够十几个病人使用，这一年里就有 20 余家青霉素生产厂家投产，两年内产量提高了成千倍。等到第二次世界大战结束时，青霉素的年产量已足供治疗 700 万病人的需要。

历史上还从来没有一种药物能像青霉素那样如此有效地治疗这么多的疾病，而毒副作用又非常小。青霉素的发明和使用成了当时报纸的头条新闻，到处传诵着它的神奇功效，人们把它看成是消灭病菌、拯救生命的灵丹妙药。比如肺炎，早先每 10 万个居民中每年就有 159 人被它夺去生命，可自从有了青霉素，肺炎病人的死亡率就从过去的 18% 下降到 1% 以下，仅此一项，青霉素每年就能从死神手里夺回数以百万计的生命。难怪青霉素与原子弹和雷达（一说尼龙）曾被某些人称为第二次世界大战中的“三大

发明”。

为了表彰青霉素发现和发明者的伟大业绩，1945年，弗莱明、弗洛里和钱恩一起获得了诺贝尔生理和医学奖。

青霉素前所未有的成功吸引着人们在全世界寻找新的抗菌素，结果是链霉素、氯霉素、金霉素、土霉素、四环素等一个一个地被发现和发明。几十年来，全世界已经分离成功了3000多种抗菌素，获得临床应用的有上百种。尽管它们现在也遇到了抗药性等一类的新问题，但是至今世界上几乎每个医院、每个医生都在使用抗菌素给病人治疗。正是由于各种抗菌素类药物的广泛应用，使得大多数传染病得到了及时有效的控制，挽救了无数患者的生命。以青霉素为首的抗菌素的发现、发明和应用，在人类征服传染病的道路上是一个极其重要的贡献。

DNA立体结构的发现

美国只有24岁的沃森和英国36岁的克里克在1953年发现了DNA的立体结构，并阐明它作为基因的工作机制，这是20世纪生物学最伟大的成就之一。

克里克

沃森和克里克对DNA的研究从1951才真正开始。他们明确了：作为基因的DNA有千百万种多样性，以存储千百万种遗传信息；对简单的几个分子作不同的排列组合，可以形成不同的DNA大分子；DNA能够自身复制，以便遗传信息能够准确地传递。那时用X射线衍射测出的DNA及其组成部分的分子尺寸已相当精确，当他们得到英国一位女科学家富兰克林最新测量的准确数据之后，便迅速地把这几个方面结合起来，成功地建立起DNA的立体结构。

沃森和克里克建立起的精美的双螺旋结构一看就让人信服。任何科学家立刻就可以推测到DNA怎样在每一个细胞中自我复制，怎样在个体发育和机体功能上起作用，以及怎样经历那种作为有机进化基础的突变过程。这样，就在分子水平上解释了基因和遗传的详细机制，使人不得不为之惊叹。

沃森和克里克不仅年轻，而且从他们相识到共同作出伟大发现才不过两年时间，这对所有的年轻人都是巨大的鼓舞。

遗传密码的发现

沃森和克里克指出了遗传信息全部贮存在它的核苷酸排列顺序之中。马上有人发现，生物性状的突变并不需要改变整个基因，而只要使某一个核苷酸发生改变就可以了。然而，执行各种功能的无数蛋白质是由20种氨基酸组成的，核苷酸却只有4种，4种不同的核苷酸怎样排列组合才能编码以表达出20种不同的信息呢?

一位叫伽莫夫的物理学家在读了沃森和克里克的论文之后马上就开始研究起这个问题。他想，如果从4种不同的核酸中拿出两个来表示一种氨基酸信息，那么可以有4×4即16种氨基酸信息；如果每次用3个来编码，可以有4×4×4即64种不同的组合；如果每次用4个来编码，可以有4×4×4×4即256种不同组合。16种显然不够，256种又太多。于是伽莫夫相信3个连续排列的核苷酸顺序决定一个氨基酸，这叫三联密码。

那么究竟哪三个核苷酸顺序或哪个三联密码代表哪一个氨基酸呢？美国的尼伦纳格和德国的马太在1961年用实验回答了这个问题。他们先用全部是尿嘧啶核苷酸合成的核苷酸去合成蛋白质，得到一种全是由苯丙氨酸这一种氨基酸构成的蛋白质，这就得到第一个三联密码uuu（u代表尿嘧啶）。然后在尿嘧啶核苷酸中加上一点腺嘌呤（A）苷酸制成核苷酸。这样除了uuu密码外还有一点uuA、Auu、uAu等密码，形成蛋白质的氨基酸除苯丙氨酸外还有少量亮氨酸、异亮氨酸和酪氨酸等。到1969年，64种联密码全部破译。后来，不同氨基酸的遗传密码由克里克设计并排列成遗传密码表。

克隆的发现

古代神话里，孙悟空用自己的汗毛变成无数个小孙悟空的离奇故事，表达了人类对复制自身的幻想。1938 年，德国科学家首次提出了哺乳动物克隆的思想。1996 年，体细胞克隆羊“多莉”出世后，克隆迅速成为世人关注的焦点。

什么是克隆呢？简单讲就是一种人工诱导的无性繁殖方式。但克隆与无性繁殖是不同的。无性繁殖是指不经过雌雄两性生殖细胞的结合，只由一个生物体产生后代的生殖方式，常见的有孢子生殖、出芽生殖和分裂生殖。由植物的根、茎、叶等经过压条、扦插或嫁接等方式产生新个体也叫无性繁殖。绵羊、猴子和牛等动物没有人工操作是不能进行无性繁殖的。科学家把人工遗传操作动、植物的繁殖过程叫做克隆，这门生物技术叫克隆技术。

克隆的基本过程是先将含有遗传物质的供体细胞的核移植到去除了细胞核的卵细胞中，利用微电流刺激等使两者融合为一体，然后促使这一新细胞分裂繁殖发育成胚胎，当胚胎发育到一定程度后（罗斯林研究所克隆羊采用的时间约为 6 天）再被植入动物子宫中使动物怀孕使可产下与提供细胞者基因相同的动物。这一过程中如果对供体细胞进行基因改造，那么无性繁殖的动物后代基因就会发生相同的变化。培育成功三代克隆鼠的“火奴鲁鲁技术”与克隆多莉羊技术的主要区别在于克隆过程中的遗传物质不经过培养液的培养，而是直接用物理方法注入卵细胞。这一过程中采用化学刺激法代替电刺激法来重新对卵细胞进行控制。

1952 年，科学家首先用青蛙开展克隆实验，之后不断有人利用各种动物进行克隆技术研究。由于该项技术几乎没有取得进展，研究工作在 80 年代初期一度进入低谷。后来，有人用哺乳动物胚胎细胞进行克隆取得成功。1996 年 7 月 5 日，英国科学家伊恩·维尔穆特博士用成年羊体细胞克隆出一只活产羊——多莉，给克隆技术研究带来了重大突破。它突破了以往只能用胚胎细胞进行动物克隆的技术难关，首次实现了用体细胞进行动物克隆的目标，实现了更高意义上的动物复制。

1998 年 7 月 5 日，日本石川县畜产综合中心与近畿大学畜产学研究室的科学家宣布，他们利用成年动物体细胞克隆的两头牛犊诞生。这两头克隆牛的诞生表明克隆成年动物的技术是可重复的。

既然牛羊可以克隆，那么人也是可以克隆的。由于克隆人可能带来复杂的后果，一些生物技术发达的国家，现在大都对此采取明令禁止或者严加限制的态度。就克隆技术而言，“治疗性克隆”将会在生产移植器官和攻克疾病等方面获得突破，给生物技术和医学技术带来革命性的变化。比如，有人需要骨髓移植而没有人能为她提供；有人不幸失去 5 岁的孩子而无法摆脱痛苦；当有人想养育自己的孩子又无法生育……也许人们就能够体会到克隆的巨大科学价值和现实意义。治疗性克隆的研究和完整克隆人的实验之间是相辅相成、互为促进的，治疗性克隆所指向的终点就是完整克隆人的出现。如果加以正确的利用，它们都可以而且应该为人类社会带来福音。

科学技术从来都是一把双刃剑。但是，某项科技进步是否真正有益于人类，关键在于人类如何对待和应用它，而不能因为暂时不合情理就因噎废食。克隆技术确实可能和原子能技术一样，既能造福人类，也可祸害无穷。

人类基因图谱的完成

1990 年美国科学家正式启动的人类基因组计划。随后英国、法国、德国、日本和我国科学家也共同参与了这一价值达 30 亿美元的人类基因组计划。按照这个计划的设想，在 2005 年，要把人体内约 10 万个基因的密码全部解开，同时绘制出人类基因的谱图。换句话说，就是要揭开组成人体 10 万个基因的 30 亿个碱基对的秘密。人类基因组计划与曼哈顿原子弹计划和阿波罗计划并称为三大科学计划。

基因组就是一个物种中所有基因的整体组成。人类基因组有两层意义：遗传信息和遗传物质。要揭开生命的奥秘，就需要从整体水平研究基因的存在、基因的结构与功能、基因之间的相互关系。

人类基因组计划的主要任务是人类的 DNA 测序，完成四张谱图，此外还有测序技术、人类基因组序列变异、功能基因组技术、比较基因组学、社会、法律、伦理研究、生物信息学和计算生物学、教育培训等目的。

1. 遗传图谱

遗传图谱又称连锁图谱，它是以具有遗传多态性（在一个遗传位点上具有一个以上的等位基因，在群体中的出现频率皆高于 1%）的遗传标记为"路标"，以遗传学距离（在减数分裂事件中两个位点之间进行交换、重组的百分率，1% 的重组率称为 1 厘米）为图距的基因组图。遗传图谱的建立为基因识别和完成基因定位创造了条件。

意义：6000 多个遗传标记已经能够把人的基因组分成 6000 多个区域，使得连锁分析法可以找到某一致病的或表现型的基因与某一标记邻近（紧密连锁）的证据，这样可把这一基因定位于这一已知区域，再对基因进行分离和研究。对于疾病而言，找基因和分析基因是个关键。

2. 物理图谱

物理图谱是指有关构成基因组的全部基因的排列和间距的信息，它是通过对构成基因组的 DNA 分子进行测定而绘制的。绘制物理图谱的目的是把有关基因的遗传信息及其在每条染色体上的相对位置线性而系统地排列出来。DNA 物理图谱是指 DNA 链的限制性酶切片段的排列顺序，即酶切片段在 DNA 链上的定位。DNA 是很大的分子，由限制酶产生的用于测序反应的 DNA 片段只是其中的极小部分，这些片段在 DNA 链中所处的位置关系是应该首先解决的问题，故 DNA 物理图谱是顺序测定的基础，也可理解为指导 DNA 测序的蓝图。广义地说，DNA 测序从物理图谱制作开始，它是测序工作的第一步。

3. 序列图谱

随着遗传图谱和物理图谱的完成，测序就成为重中之重的工作。DNA 序列分析技术是一个包括制备 DNA 片段化及碱基分析、DNA 信息翻译的多阶段的过程。通过测序得到基因组的序列图谱。

4. 基因图谱

基因图谱是在识别基因组所包含的蛋白质编码序列的基础上绘制的结

合有关基因序列、位置及表达模式等信息的图谱。在人类基因组中鉴别出占2% ~5%长度的全部基因的位置、结构与功能，最主要的方法是通过基因的表达产物mRNA反追到染色体的位置。

2000年6月26日，塞雷拉公司的代表凡特以及国际合作团队的代表弗朗西斯·柯林斯，在时任美国总统克林顿的陪同下发表演说，宣布人类基因组的概要已经完成。

基因图谱的意义在于它能有效地反应在正常或受控条件中表达的全基因的时空图。通过这张图可以了解某一基因在不同时间不同组织、不同水平的表达；也可以了解一种组织中不同时间、不同基因中不同水平的表达，还可以了解某一特定时间、不同组织中的不同基因、不同水平的表达。

人类基因图谱的完成，是医学上一场革命的开始，但这场革命的成功将需要更长的时间。中国科学家承担了这个工程1%的工作量。人类基因图谱的绘制完成，给即将广泛推行的全新基因医疗手段打下了坚实的基础，它使人类向真正的“个性化医疗”时代又迈进一步。今后，遗传疾病或是疑难杂症，只要根据患者个人的基因图谱“逮住”其中出了问题的基因，用最直接的办法使基因恢复正常状态，人体就会作出相应调整，从而治愈疾病。

人类大约有3万个基因，比科研人员原本预料的少了许多。通过了解人类基因的遗传成分，科研人员就可为个人量身制作预防性疗法并且制造各种新药物，父母也可以检查腹中胎儿是否有遗传缺陷。而有朝一日，像糖尿病、癌症、早老性痴呆症、精神病等过去无法根治的病症，也能根治了。

不过，复杂而多变的人类基因图谱，是不可能被一眼看透，或是迅速被解读的。因此，人类基因图谱面世后，世界各地的科学家都竞相钻研由一对等位基因所传递的遗传信息，以决定基因的独特特征，看看谁能最先掌握基因的功能和秘密，以尽早研制新药物。

地 理 篇

地理学是研究地球表面的地理环境中各种自然现象和人文现象以及它们之间相互关系的学科。在我们祖先留下的文献中，最早出现“地理”一词的是公元前5世纪成文的《易经·系辞》，里面有“仰以观于天文，俯以察于地理”的文句。东汉思想家王充对天文、地理有相当深入的研究，他的解释是：“天有日月星辰谓之文，地有山川陵谷谓之理。”中国古代最早的地理书籍包括了《尚书·禹贡》和《山海经》等。古代的地理学主要探索关于地球形状、大小有关的测量方法，或对已知的地区和国家进行描述。

在西方，公元前2世纪，古希腊学者埃拉托色尼第一次合成了geographica（geo+graphica）这个术语，意思是“地理”或“大地的记述”，并写出了西方第一本以“地理”命名的专著《地理学》。

最早的欧亚大陆交通线

马可·波罗

蒙古帝国是世界历史上最辽阔的帝国之一，居住在其境内的人口大约占当时全世界人口的一半。中世纪晚期，有一系列的欧洲探险队曾跨过欧亚大陆前往亚洲，他们是探索时代的先驱者。尽管统一了大半个欧亚大陆，将中国到中亚的商路悉数纳入囊中的蒙古正对欧洲觊觎万分；一部分欧洲人还是利用这个机会前往了东方。随着欧洲到中亚的商路逐渐为意大利城邦的商人所控制，意大利人成为了前往东方的主要人群。他们与近东地中海的亲密关系，使得他们更愿意同这一地区贸易，而不是与更东边的地区。当时的教皇亦派遣了探险队，希望能够找到基督教的皈依者，或寻到传说中祭司王约翰的王国。

在已有的史料中，有记载的第一名前往东方的旅客名叫柏郎嘉宾，他于1245年至1247年间到达了蒙古并返回欧洲。然而，马可·波罗在1271年到1295年的旅行才是其中最知名的一次：他穿越了整个欧亚大陆，并抵达了大陆的最东面。后来，《马可·波罗游记》以故事的形式详细地记录了他的旅程，这本书在欧洲流传甚广。

《马可·波罗游记》共分四卷，第一卷记载了马可·波罗诸人东游沿途见闻，直至上都止。第二卷记载了蒙古大汗忽必烈及其宫殿、都城、朝廷、政府、节庆、游猎等事；自大都南行至杭州、福州、泉州及东地沿岸及诸海诸洲等事。第三卷记载日本、越南、东印度、南印度、印度洋沿岸及诸岛屿、非洲东部。第四卷记君临亚洲之成吉思汗后裔诸鞑靼宗王的战争和亚洲北部。每卷分章，每章叙述一地的情况或一件史事，共有229章。书中记述的国家、城市的地名达100多个，而这些地方的情况，综合起来，有山川地形、物产、气候、商贾贸易、居民、宗教信仰、风俗习惯等，及至国家的琐闻佚事、朝章国故，也时时夹见其中。

马可·波罗的这本书是一部关于亚洲的游记，它记录了中亚、西亚、东南亚等地区的许多国家的情况，而其重点部分则是关于中国的叙述。马可·波罗在中国停留的时间最长，他的足迹所至，遍及西北、华北、西南和华东等地区。他在《游记》中以大量的篇章，热情洋溢的语言，记述了中国无穷无尽的财富、巨大的商业城市、极好的交通设施以及华丽的宫殿建筑。以叙述中国为主的《游记》第二卷共82章，在全书中分量很大。在这卷中有很多篇幅是关于忽必烈和北京的描述。

这些旅行并没有发挥立即的作用。实际上，蒙古帝国在不久后便以其扩张的速度太快而瓦解了。前往东方的商路变得更加危险，更不容易穿越。14世纪的黑死病同样牵制了东西方的旅行和贸易。此外，通往东方的陆上路线太长，且多被与欧洲作战了多个世纪的伊斯兰帝国控制，商队几乎无

法维持有利可图的贸易。随着热衷于侵略扩张中的奥斯曼帝国的崛起，欧洲与亚洲的交流变得更加困难。

郑和下西洋开辟亚非航海线

郑和（1371～1435年）是一位中国的探险家和航海家，明成祖曾多次命其率领船队远航，后被称为“郑和下西洋”。

郑和航行的目的主要有以下几条：一为安抚东南亚诸邦，“宣德化而柔远人”；二为寻找惠帝允炆，这一点可在《明史》中得到查证；三为同印度诸国建立联系，以便从腹背夹击帖木儿帝国。此外，现代郑和研究者亦总结了其他的一些原因，譬如建立从南亚向西航行的中途候风转航的据点、开辟新航路，使海外远国“宾服”于中国等等。

在航行中，郑和船队采用了多种导航方式，主要有被称为“过洋牵星”的星座观测方法与使用罗盘测定针路的指南针方法。此外，世界上最早的一批海图亦出自郑和船队之手，其中流传至今的有茅元仪《武备志》中收录的《郑和航海图》。郑和探索了东南亚与南亚的大部分地区，如交趾支那、马六甲、暹罗、爪哇、加尔各答、斯里兰卡等。此外，他还到达过波斯湾、东非与埃及。有少部分学者甚至认为郑和曾经抵达过美洲大陆，也即认为他先于哥伦布发现了美洲；这批学者中的代表人物当推《1421：中国发现世界》的作者加文·孟席斯。在途经的国家中，郑和船队用中国的特产换来了象牙、染料与宝石等商品，并为皇帝带回了长颈鹿、鸵鸟、金钱豹、狮子等珍奇动物。

从1405年到1433年，郑和共计下西洋七次。在第一、第三、第四、第七次的出航中，舰队的随船人员均超过27000人。郑和下西洋的船队极有可能是当时世界上最庞大的舰队，其第一次下西洋所携带的船只共计208艘。郑和乘坐的宝船长约145米、宽约60米，有9条桅杆与12张帆，并由约200名船员操作。

郑一钧认为，郑和的航海建立了亚非国际间的和平局势，促进了亚非国际贸易的发展，传播了中国的文化，并为中国带来了新的海外知识。此外，他亦指出了郑和下西洋的局限，认为郑和的航海并未带来中国资本主义的发展。学者张箭认为，郑和下西洋并没有太大的经济需求，他的七次大规模航海不仅没有为明朝带来巨大的利润，反而令国库空虚。但是，郑一钧并不同意导致国库空虚一说，并以郑和六下西洋所带回的100多万两银子均被用于修建南京大报恩寺，而未被纳入国库的事例来加以佐证。利玛窦曾经这样评价道，中国的“皇上和人民却从未想过要发动侵略战争”，因为他们“满足于自己已有的东西，没有征服的野心”。这一点亦体现在美国《国家地理》杂志于1998年所评出的千禧世界航海家名人里。其中，郑和是东方唯一一位入选的人物，而他入选的主要原因便是由于他从未公开表达过对殖民主义的期望。郑和开辟了亚非的洲际航线，为西方人的大航海铺平了亚非航路。

迪亚士与达·伽马的航海发现

1487年8月，葡萄牙航海家迪亚士（约1450～1500年5月24日）奉葡萄牙国王若奥二世之命，率两艘轻快帆船和一艘运输船自里斯本出发，踏上远征的航路。他的使命是探索绕过非洲大陆最南端通往印度的航路。迪亚士率领的船队首先沿着以往航海家们走过的航路先到加纳的埃尔米纳，后经过刚果河口和克罗斯角，约于1488年1月间抵达现属纳米比亚的卢得瑞次。

船队在那里遇到了强烈的风暴。苦于疾病和风暴的船员们多数不愿继续冒险前行，数次请求返航。迪亚士力排众议，坚持南行。船队被风暴裹挟着在大洋中飘泊了13个昼夜，不知不觉间已经绕过了好望角。风暴停息后，对具体方位尚无清醒意识的迪亚士命令船队掉转船头向东航行，以便靠近非洲西海岸。但船队在连续航行了数日之后仍不见大陆。

此时，迪亚士醒悟到船队可能已经绕过了非洲大陆最南端，于是他下令折向北方行驶。1488年2月间，船队终于驶入一个植被丰富的海湾，船员们还看到土著黑人正在那里放牧牛羊，迪亚士遂将那里命名为牧人湾（即今南非东部海岸的莫塞尔湾）。迪亚士本想继续沿海岸线东行，无奈疲惫不堪的船员们归心似箭，迪亚士只好下令返航。

在返航途中，他们再次经过好望角时正值晴天丽日。葡萄牙历史学家巴若斯在描写这一激动人心的时刻时写道："船员们惊异地凝望着这个隐藏了多少世纪的壮美的岬角。他们不仅发现了一个突兀的海角，而且发现了一个新的世界。"感慨万千的迪业士据其经历将其命名为"风暴角"。

1497 年，葡萄牙航海家达·伽马再率船队探索直通印度的新航路。当年 11 月 27 日，达·伽马的船队再次绕过好望角，次年 5 月 20 日驶抵印度西海岸重镇卡利库特。又经历了千辛万苦之后，达·伽马约于 1499 年 9 月 1 日前后返回里斯本。

"好望角"一名的由来有着多种说法。最常见的说法有两种：一说为迪亚士 1488 年 12 月回到里斯本后，向若奥二世陈述了"风暴角"的见闻，若奥二世认为绕过这个海角，就有希望到达梦寐以求的印度，因此将"风暴角"改名为"好望角"；另一种说法是达·伽马自印度满载而归后，当时的葡王才将"风暴角"易名为"好望角"，以示绕过此海角就带来了好运。

葡萄牙人的航海发现

在绕过由其同胞迪亚士发现的好望角后，瓦斯科·达·伽马发现了通往印度的新航线。在伊比利亚半岛发展出卡拉维尔帆船后，欧洲人终于开始将目光瞄向神秘的东方。

探索东方的渴望是由多种原因造成的。其中最主要的原因是，去寻找获取香料的新航线，以取代受政治环境影响而随时可能停止供应的陆地贸易。货币主义者则认为，开启探索时代的主要原因是欧洲贵金属的剧烈流失。欧洲经济建立在金、银货币的流通上，通货的短缺会让欧洲出现经济萧条。还有一个因素是，在收复失地运动中，伊比利亚半岛上的基督教国家已与穆斯林国家作战经年，半岛上的基督教国家亟需去寻觅海外盟国来反击当地的伊斯兰势力，从而打破伊斯兰教的制约力量。此外，他们也从阿拉伯邻居那学到了很多东西。譬如，在卡拉维尔帆船的发展过程中，阿拉伯三角帆技术的引入改进了船只的机动性。另外，通过从阿拉伯人手里重新获取的古希腊地理文献，欧洲人首次对非洲和亚洲有了一个大致的印象。

恩里克王子是葡萄牙国王若昂一世的三子，他曾参与了其父指挥的征服休达的战役，并在萨格里什（今圣维森特角）开办了世界上的第一所航海学校。恩里克的计划是探索非洲西海岸。在几个世纪里，西非与地中海世界的贸易路线都必须跨越撒哈拉大沙漠，而北非的路线则被葡萄牙的宿敌穆斯林国家控制；因此，葡萄牙人希望可以绕开伊斯兰地区，通过海路直接与西非展开贸易。

1415年与1416年，恩里克曾两次派人去探索了加那利群岛。1418年，恩里克派贵族札科和泰赫拉出航探险，在一场风暴过后，他们意外地发现了马德拉群岛的圣港岛。第二年，恩里克派遣此二人再次出航去建立殖民地，这次他们发现了马德拉主岛。此后，恩里克曾两次派人去征服加那利群岛，但却由于当地土著的抵抗与供给不足而不得已中止。1431年到1432年，恩里克派出的探险队逐步地发现了尚无人类居住的亚速尔群岛，不久后葡萄牙便开始殖民该群岛。

1434年，恩里克派吉尔·埃阿尼什首次越过了博哈多尔角的障碍。这里是当时西方人所知道的最南的地点。1437年，恩里克参与了葡萄牙对北非的战役，但葡萄牙在这场战役中遭到惨败，恩里克的弟弟费尔南多亦被俘为人质。1448年，恩里克下令在北纬20度左右的阿奎姆岛建立据点，这成为了欧洲人在西非海岸建立的第一个殖民据点。在20年内，葡萄牙用武力取得了撒哈拉地区的控制权，并开始在现今的塞内加尔地区进行黄金与奴隶贸易。

哥伦布发现新大陆

克里斯托弗·哥伦布（约1451～1506）生于意大利热那亚，卒于西班牙巴利亚多利德，一生从事航海活动。先后移居葡萄牙和西班牙。相信大地球形说，认为从欧洲西航可达东方的印度和中国。在西班牙国王支持下，先后四次出海远航（1492～1493，1493～1496，1498～1500，1502～1504）

发现了美洲大陆，他也因此成为名垂青史的航海家。开辟了横渡大西洋到美洲的航路。先后到达巴哈马群岛、古巴、海地、多米尼加、特立尼达等岛。在帕里亚湾南岸首次登上美洲大陆。考察了中美洲洪都拉斯到达连湾2000多千米的海岸线；认识了巴拿马地峡；发现和利用了大西洋低纬度吹东风，较高纬度吹西风的风向变化。他误认为到达的新大陆是印度，并称当地人为印第安人。

15世纪欧洲资本主义开始出现，许多国家竞相寻找海外市场，地处东方的亚洲是他们探险的目标。

许多探险家纷纷远航，哥伦布在西班牙大金融家和国王的支持下，开始了寻找东方的航行。1492年8月3日，哥伦布率领由三艘小帆船组成的船队，从西班牙巴罗斯港出发，向西航行，企图横渡大西洋，到达亚洲。

哥伦布率领船队在海面上航行了71天，来到一个小岛。但并没有见到马可·波罗描写的中国的城镇和宫殿。哥伦布十分失望，只好返回西班牙。

从1493年9月开始，哥伦布再次进行探险。1498年8月，哥伦布来到南美洲北部大河奥里诺科河的河口，无意中发现了美洲大陆。当时，哥伦布并没意识到他的发现有多么重要，直到后来，人们才意识到发现美洲大陆是一个了不起的成就。

在发现美洲之初，哥伦布与西班牙的其他探险家都对这次以经济为目的的探索的成效感到失望：与非洲和亚洲不同，加勒比群岛的居住者们并没有黄金或者其他西班牙人觉得有价值的财物。但是，他们在玉米、木薯、棉花、花生、辣椒、菠萝、甘薯与烟草等作物方面的产量却十分庞大，而旧大陆对这些作物都一无所知。不久后，随着更多的探索者来到这片大陆，欧洲人发现了这些新作物，并意识到了它们的商业价值可以让西班牙人在欧洲市场中占据一席之地，能与葡萄牙和意大利人从非洲与亚洲带回的货物竞争。因此，除了上述的作物外，西班牙人还将香子兰、西红柿、马铃薯、可可及其制品巧克力、多香果与制造染料的胭脂虫引入了欧洲。当运送胭脂虫的西班牙商船被英国或德国的海盗劫掠时，不识货的海盗们往往会把货物扔进大海。

在哥伦布到达美洲后，许多欧亚非的文明都开始利用和消费这些来自美洲的产品；除了上一段提到的以外，还有橡胶等经济作物以及鳄梨等旧大陆没有的水果。到了16世纪，西班牙的加利西亚与曼切戈斯，两个地区已开始为“谁的土地上种出来的马铃薯品质更好”的问题而发生争论。

在征服战争结束后，欧洲人的兴趣依然集中于香料贸易方面。此外，他们还热衷于探寻以金银为主的贵金属资源。贵金属的积累使得欧洲在18世纪得以进入工业社会。

麦哲伦海峡

1480年，麦哲伦出生于葡萄牙北部一个破落的骑士家庭里，属于四级贵族子弟。10岁时进王宫服役，16岁进入国家航海事务厅。年轻时对航海就十分神往。25岁那年，他参加了对非洲的殖民战争。以后，又与阿拉伯人为争夺贸易地盘而打战。30岁离开印度回国。但是，他在归国途中触礁，被困在一个孤岛上。麦哲伦和他的海员们等了很长时间才等到援救船只。上级了解这一情况后，将他升任为船长，并在军队里服役。

16世纪初，麦哲伦自信有一条航道通往“南海”（太平洋的航道）。他于1519年9月20日率领一支船队开始航行。到达南美洲东海岸后，沿着海岸前进，在第二年10月21日进入他要寻找的海峡。经过一个多月的艰难航程，战胜了死亡的威胁，终于在11月28日驶出海峡，进入风平浪静的太平洋，为第一次环球航行开辟了胜利的航道。后人为了纪念麦哲伦对航海事业作出的贡献，把这段海峡称为麦哲伦海峡。

麦哲伦海峡全长592千米，宽窄悬殊，深浅差别也很大。最宽的地方有33千米，最狭处仅3千米左右；最深处在千米以上，最浅的地方只有20米。当年麦哲伦率领船队在海峡航行时，夜晚曾见南边岛屿上升起一个个火柱。这是印第安人点燃的烽火，因此这个岛屿也就被称为“火地岛”。火地岛是海峡南边的最大岛屿，面积4.8万平方千米，东部属阿根廷，西部属智利。

麦哲伦海峡的一些港湾可停泊大型舰只。因为航道曲折艰险，自从巴拿马运河通航后，来往大西洋和太平洋之间的船只一般不再经过这里。

英国航海家的探索发现

1577年到1580年，英国的弗朗西斯·德雷克爵士完成了人类历史上的第二次环球航行。另一位著名的英国航海家是亨利·哈德逊（1565~1611），他发现了以他自己姓氏命名的哈德逊河与哈德逊湾。

英国航海家詹姆斯·库克（1728~1779）曾三度远征太平洋。在航行中，他对太平洋的海岸线以及大洋中的众多岛屿进行了精确的测绘，令它们首次出现在欧洲的地图中。库克发现了澳大利亚东岸，并声称其为大英帝国的领土；他完成环球航行，发现了新西兰；此外，他还是最早发现夏威夷群岛的欧洲人。

1567年英国航海家德雷克第一次探险航行，从英国出发，横越大西洋，到达加勒比海。1569年第二次探险航行，从加勒比海再往前，到达了中美洲。1577年第三次探险航行，德雷克循着麦哲伦的航线出发，由英国前往南大西洋，抵达了南美洲东海岸。

1578年他发现了合恩角和德雷克海峡，德雷克海峡就是用他的姓氏命名。8月时德雷克通过了南美洲南端最危险的麦哲伦海峡。为了纪念所剩下来的最后一艘船，德雷克将之改名为金鹿号，因为此船赞助人海顿爵士的徽章盾牌上是一只金鹿。

1579年德雷克与金鹿号在沿着南美洲西岸往北航行，北上一直航行到北纬48度的加拿大西海岸，发现无法通过北冰洋，只好改为横越太平洋向西航行，经过菲律宾群岛，穿过马六甲海峡，横越印度洋，绕好望角再次横越大西洋。1580年9月26日回到英国普利茅斯。

大陆漂移假说

地质学家和地球物理学家开始对大陆漂移假说进行认真的讨论是在魏格纳的著作出版以后。从所受的教育和个人职业看，魏格纳并不是一个地质学家，而是天文学家和气象学家（他的博士论文是天文学史方面的）。魏格纳的学术生涯先是在马尔堡谋得了一个天文学和气象学的职位，后来在格兰兹获得了一个气象学和地球物理学教授的职务。

他在二三十岁时，一直在格陵兰进行气象考察。1930 年，在第三次探险时，他献出了生命。按照曾与魏格纳一起进行第一次考察的劳格·科赫的说法，大陆漂移思想是魏格纳在观察海水中冰层的分解时形成的。但是魏格纳自己只是说，大约是在 1910 年的圣诞节期间，他突然被大西洋两边海岸极度的相似和吻合所震惊，而这一点启发他思考大陆横向运动的可能性。

很明显，魏格纳当时并没有认真地看待这一思想，反而认为“这是不可能的”而放弃了。但他确实在第二年秋天开始建立他的大陆运动假说。他说他当时“相当偶然地”读到了“一篇描述非洲和巴西古生代地层动物相似性的文献摘要”。在这篇摘要中，大西洋两岸远古动物化石的相同或相似被用来证明当时非常流行的、非洲和巴西之间存在陆桥的说法。例如，蛇很显然不能渡过浩瀚的大西洋。因此，在南大西洋两岸发现同样的或十分相似的蛇化石，就证明很久以前的南美洲和非洲之间存在一条陆路通道的可能性是相当大的。如果换一种相反的解释，即假设在这两个地区的大部分土地上存在极其相似但又是相对独立的生物进化过程，而这是完全不可能的。

魏格纳对化石的相似性的印象非常深刻，但他不同意这两块大陆曾由某种形式的陆桥或由现已沉没的大陆联结起来的假说。因为这些假设需要进一步对这些陆地或陆桥的沉没或崩解做出解释，而对于这些不存在任何科学证据。当然，大陆之间确有陆桥存在，如巴拿马地峡和曾存在过的白令地峡，但没有真正可靠的证据证明古代跨越南大西洋的陆桥。作为一种替代性的理论，魏格纳把他早年关于大陆漂移的可能性的思想重新发掘出来，并且按照他的说法，把原来纯粹是“幻想的和非实际的”、“没有任何地球科学意义的”、“只是一种拼图游戏似的”奇思异想，上升为有效的科学概念了。魏格纳在 1912 年的一次地质学会议上，引用了各种支持证据，对他的假说作了进一步发展，概括并总结了他的成果。他最初的两篇论文在当年的晚些时候发表。1915 年他发表了专题论文《大陆和海洋的起源》。

魏格纳在这部著作中，详细罗列了他所发现的所有支持大陆漂移说的证据。该著作的修订本于1920、1922和1929年陆续出版，并被译成英文、法文、西班牙文和俄文。在译自1922年德文第三版的英译本（1924）中，魏格纳的表述被准确地译为“大陆位移”，但很快就被普遍使用的术语“大陆漂移”所取代。

魏格纳将自己的论点建立在地质学和古生物学论据的基础上，而不仅仅是海岸的高度吻合，他着重强调大西洋两岸地质学的相似性。在他的著作的最后一版中，他引用了来自古气象学的证据。1924年，他还与科本合作撰写了一部关于古气象学的专著，并由此推论地球的极地始终是在迁移的。魏格纳认为，在中生代并一直延续到不太遥远的过去。曾存在过一个巨大的总陆地或原始大陆，他将其称为“庞哥”。这块原始大陆后来破裂，庞哥碎片的分裂、位移，逐渐形成了我们今天所处的各大陆的格局。他认为，大陆漂移（或称运动、移动）的两个可能的原因是：月亮产生的潮汐力和“极地漂移”力，即由于地球自转而产生的一种离心作用。但是，魏格纳懂得，大陆运动的起因这一难题的真正答案仍有待继续寻找。他在他的著作中写道，大陆漂移理论中的牛顿还没有出现。这话与当年居维叶、范托夫和其他一些人的心态是多么地相似。他承认，“漂移力这一难题的完整答案，可能需要很长时间才能找到”。现在看来，魏格纳最根本也是最富创造力的贡献在于，他首次提出大陆和海底是地表上的两个特殊的层壳，它们在岩石构成和海拔高度上彼此不同这样一个概念。在魏格纳所处的时代，大多数科学家认为，除了太平洋以外，各大洋都有一个硅铝层海底。魏格纳的基本思路后来为板块构造说所证实。

尽管魏格纳的大陆漂移理论长时间处于理论革命阶段，但这并不意味着他的思想没有引起注意或没有追随者。事实上，当时的情况远非如此！20世纪20年代，国际科学界就此展开了一系列全球性的激烈论战。1922年4月16日，在影响巨大的《自然》杂志上，发表了一篇未署名文章，对魏格纳著作的第二版进行了评论。这篇文章详细概括了魏格纳理论的基本观点，并希望这部著作的英文本能早日面世。“考虑到许多地质学家持强烈的反对意见”，文章的作者指出，如果魏格纳的理论最终被证实，将会发生一场与

“哥白尼时代天文学观念的变革”相似的“思想革命”。一位名叫欧巴辛的人，在听了魏格纳的一次演讲后，在德国最重要的科学杂志《自然科学》上的一篇文章中写道，在柏林地理学会听过魏格纳演讲的人，“都绝对地被征服了”，魏格纳的理论得到了“普遍赞同”，尽管在随后的讨论中有过一些小心的反对意见和善意的警告。巴辛的结论是：“没有反对魏格纳的充分理由，但是，在理论得到毫无保留地接受以前，还必须找到更加坚实可靠的证据。”

在英国《地质学杂志》1922 年 8 月号的一篇评论中则出现了完全不同的声音。在这篇文章中，菲利普·赖克直率地指出，魏格纳“不是在探求真理，而是在为一种理由辩护，而对反对这一理论的事实和论点置之不理”。在美国，《地理学评论》1922 年 10 月号上发表了雷德的文章，他尖刻地指出，他所了解的所有事实无不是对大陆漂移和极地迁移理论的致命打击。在同一年秋天，大陆漂移说也成了英国科学促进会年会上探讨和争论的主题。公开发表的由怀特撰写的年会报告将这一事件描述成“活跃的也是毫无结果的”。但是，1922 年 3 月 16 日的《曼彻斯特卫报》发表了维斯教授的《大陆移动：新的理论》这一署名文章。维斯指出，魏格纳的理论“对于地理学和地质学都是极为重要的”，“对于生物科学也大有裨益”。他最后总结说，这一理论“是一个极好的科学假说，它将大大激发进一步的探究”。

海底扩张说

第二次世界大战期间，一艘美国军舰“开普·约翰逊”号在东太平洋上巡航。这艘军舰的指挥官名叫哈利·赫斯。军舰从南驶向北，再由北驶向南，看似这艘军舰在巡逻，实际上军舰的指挥员正利用无战事的海上巡航，用声纳测深技术对海底进行探测。

赫斯舰长 1906 年生于纽约，早年毕业于著名的耶鲁大学。战前，他曾是一位航海家，在普林斯顿大学工作。战争爆发了，他应征加入海军，成了“开普·约翰逊”号的舰长。虽说赫斯由一个教授、学者，变成了军人，

但他热爱海洋科学，他的理想是不断揭示海洋奥秘。这不，他正在利用巡逻的机会，对海底进行探测。

赫斯舰长工作起来完全是个学者风度，他指挥军舰横越太平洋，把航线上的数据加以分析整理。在分析这些测深剖面时，一种奇特的海底构造引起了赫斯的注意：在大洋底部，有从海底拔起像火山锥一样的山体，它与一般山体明显不同的是没有山尖，这种海山顶部像是被一把快刀削过似的，非常平坦。连续发现这种无头山，让赫斯感到大惑不解。

战争结束之后，赫斯又回到他原先执教的大学工作。他把自己发现的无头海山命名为“盖约特”，以纪念自己尊敬的师长、瑞士地质学家 A·盖约特。实际上就是人们统称的“海底平顶山”。

这些海底山体和过去发现的海丘山峰均不同，具有一种顶部平坦的特殊形状。山顶部直径为 5～9 千米，如果把周围山脚计算在内，形成数千米左右的高台；山腰最陡的地方倾斜达 32 度，再往下形成缓坡，并呈现阶梯状。这是所有平顶山的共同特征。还有一个特点是，平顶海山的山顶至少在海面下 183 米，也有的在海面下 2500 米处，一般多在海面下 1000～2000 米。这种海底平顶山，在世界大洋中均有发现。

后来的调查证实，海底平顶山曾是古代火山岛，与大洋火山有相同的形态、构造和物质成分。那么，既然是海底火山，为什么又没有头了呢？

赫斯教授的解释是，新的火山岛，最初露出海面时，受到风浪的冲击。如果岛屿上的火山活动停息了，变成一座死火山，在风浪的袭击下被侵蚀，失去再生的能力。天长日久，火山岛终于遭到“砍头”之祸，变成略低于海面的具有平坦顶面的平顶山。

哈利·赫斯教授的研究并没有到此为止。他发现，同样特征的海底平顶山，离洋中脊近的较为年轻，山顶离海面较近；离洋中脊远的，地质年代较久远，山顶离海面较远（深）。最初，人们对这种现象无法解释。到了 1960 年，赫斯教授大胆提出海底运动假说。他认为，洋底的一切运动过程，就像一块正在卷动的大地毯，从大裂谷的两边卷动（大裂谷是地毯上卷的地方，而深海底扩张说海沟则是下落到地球内部的地方）。地毯从一条大裂谷卷到一条深海沟的时间可能是 1.2 亿～1.8 亿年。形象地说，托起海水的洋底像一条在地幔中不断循环的传送带。因为在地球的地幔中广泛存在着大规模的对流运动，上升流涌向地表，形成洋中脊。下降流在大洋的边缘造成巨大的海沟。洋壳在洋中脊处生成之后，向其两侧产生对称漂离，然后在海沟处消亡。在这里，陆地作为一个特殊的角色，被动地由海底传送带拖运着，因其密度较小，而不会潜入地幔。所以，陆地将永远停留在地球表面，构成了“不沉的地球史存储器”。

1962年，赫斯教授发表了他的著名的论文——《大洋盆地的历史》。这篇论文被人们称为“地球的诗篇”。其中，赫斯教授以先人之见，首先提出了“海底扩张学说”。

“海底扩张”说，恰好可以解释当年魏格纳无法解释的大陆漂移理论。我们知道，地球是由地核、地幔、地壳组成的。地幔的厚度达2900千米，是由硅镁物质组成，占地球质量68.1%。因为地幔温度很高，压力大，像沸腾的钢水，不断翻滚，产生对流，形成强大的动能。大陆则被动地在地幔对流体上移动。形象地说，当岩浆向上涌时，海底产生隆起是理所当然的，岩浆不停地向上涌升，自然会冲出海底，随后岩浆温度降低，压力减少，冷凝固结，铺在老的洋底上，变成新的洋壳。当然，这种地幔的涌升是不会就此停止的。在继之而来的地幔涌升力的驱动下，洋壳被撕裂，裂缝中又涌出新的岩浆来，冷凝、固结、再为涌升流动所推动。这样反复不停地运动，新洋壳不断产生，把老洋壳向两侧推移出去，这就是海底扩张。

在洋底扩张过程中，其边缘遇到大陆地壳时，扩张受阻碍，于是，洋壳向大陆地壳下面俯冲，重新钻入地幔之中，最终被地幔吸收。这样，大洋洋壳边缘出现很深的海沟，在强大的挤压力作用下，海沟向大陆一侧发生顶翘，形成岛弧，使岛弧和海沟形影相随。

“海底扩张”说的诞生，可以解释一些大陆漂移说无法解释的问题。当年魏格纳的“大陆漂移”学说，被赫斯教授的“海底扩张”学说所代替就是情理之中的事了。20世纪60年代后，被人们一度冷落的“大陆漂移”学说又重新受到人们的重视。